MÉMOIRE

SUR

LES PHÉNOMÈNES D'ALTÉRATION DES DÉPÔTS SUPERFICIELS

PAR L'INFILTRATION DES EAUX MÉTÉORIQUES

ÉTUDIÉS DANS LEURS RAPPORTS AVEC LA GÉOLOGIE STRATIGRAPHIQUE

PAR

Ernest VAN DEN BROECK,

CONSERVATEUR AU MUSÉE ROYAL D'HISTOIRE NATURELLE,
ATTACHÉ AU SERVICE DE LA CARTE GÉOLOGIQUE.

BRUXELLES,

F. HAYEZ, IMPRIMEUR DE L'ACADÉMIE ROYALE DE BELGIQUE.

—

1881

MÉMOIRE

SUR

LES PHÉNOMÈNES D'ALTÉRATION DES DÉPÔTS SUPERFICIELS

PAR L'INFILTRATION DES EAUX MÉTEORIQUES

ÉTUDIÉS DANS LEURS RAPPORTS AVEC LA GÉOLOGIE STRATIGRAPHIQUE.

(Extrait du tome XLIV des *Mémoires couronnés et Mémoires des savants étrangers*, publiés par l'Académie royale des sciences, des lettres et des beaux-arts de Belgique. — 1880.)

(Mémoire présenté à la Classe des Sciences dans la séance du 5 juin 1880.)

MÉMOIRE

SUR

LES PHÉNOMÈNES D'ALTÉRATION DES DÉPÔTS SUPERFICIELS

PAR L'INFILTRATION DES EAUX MÉTÉORIQUES

ÉTUDIÉS DANS LEURS RAPPORTS AVEC LA GÉOLOGIE STRATIGRAPHIQUE

PAR

Ernest VAN DEN BROECK,

CONSERVATEUR AU MUSÉE ROYAL D'HISTOIRE NATURELLE,
ATTACHÉ AU SERVICE DE LA CARTE GÉOLOGIQUE.

BRUXELLES,

F. HAYEZ, IMPRIMEUR DE L'ACADÉMIE ROYALE DE BELGIQUE.

—

1881

AVANT-PROPOS.

—

Nos connaissances sur les terrains tertiaires de la Belgique se sont, pendant ces derniers temps, considérablement étendues par suite de l'application, faite aux recherches stratigraphiques entreprises depuis peu, des résultats obtenus par l'étude des phénomènes d'altération que produit l'infiltration des eaux météoriques dans les roches superficielles ou voisines de la surface du sol.

C'est en 1874 que nous avons, pour la première fois, attiré l'attention des géologues sur ces curieux phénomènes et sur leur importance dans les recherches stratigraphiques. Depuis lors, nous n'avons cessé de nous attacher à poursuivre l'étude de ces questions et à mettre en évidence les nombreuses applications qu'elles ont fait successivement découvrir à nous et à ceux de nos confrères qui sont entrés dans la même voie.

Des problèmes, autrefois inabordables, des difficultés qu'aucune hypothèse n'avait pu élucider, ont, depuis lors, été résolus avec la plus grande facilité. L'obscurité qui couvrait bien des points de la géologie du bassin tertiaire belge, s'est dissipée comme par enchantement depuis que l'on a pu y projeter les lumières apportées par la connaissance des phénomènes d'altération.

Ces résultats inespérés attirèrent notre attention sur l'ensemble d'un champ d'investigation peu exploré, et dont l'importance paraissait avoir échappé à ceux mêmes qui en avaient aperçu les premiers linéaments.

Bientôt nous pûmes constater que partout où l'évidence des faits montrait l'intervention rationnelle de ce phénomène spécial d'altération, partout aussi la lumière se faisait et montrait, avec de nouvelles confirmations en faveur de nos vues, l'étendue toujours grandissante des horizons qui s'ouvraient devant l'observateur.

Il ne pouvait d'ailleurs en être autrement par suite de la nature même des agents, si constants et si universels, auxquels notre thèse faisait appel.

Frappé de l'importance des services que l'exploration approfondie de ce nouveau champ d'étude devait rendre aux recherches stratigraphiques, prévoyant les nombreuses simplifications qu'elle devait nécessairement y apporter, nous nous sommes décidé à réunir toutes les observations que nous avions faites, et à compléter ces données par l'exposé de faits isolés signalés par divers auteurs, et montrant la rigoureuse exactitude de nos conclusions.

Groupant ensuite méthodiquement l'ensemble de ces recherches, nous avons tenté d'exposer les résultats qui s'en dégagent et de formuler ainsi la thèse faisant l'objet du mémoire que nous avons aujourd'hui l'honneur de soumettre à l'Académie.

Une communication sommaire, résumant à grands traits nos études sur ce sujet, a été présentée par nous en 1878 à Paris, au Congrès international de géologie. Il nous paraît utile de mentionner cette circonstance, parce que, à la suite de l'impulsion donnée dans ces derniers temps à la question des altérations, quelques travaux récemment publiés ont exposé des vues déjà admises par nous depuis un certain temps, comme étant la conséquence logique des phénomènes que nous avons mis en lumière.

Près de dix-huit mois se sont écoulés depuis lors. Pendant ce temps, la question de l'altération par voie hydro-chimique, a acquis de jour en jour une importance croissante; les vues exposées par nous se sont vérifiées et ont gagné sans cesse de nouveaux adhérents, en même temps qu'elles ont reçu de nouvelles applications.

Nous croyons donc opportun d'exposer, sans plus tarder, les résultats de nos recherches, d'autant plus que le Compte rendu du Congrès de Paris n'a pas encore paru à l'heure où nous écrivons ces lignes.

Nous n'avons pas cru devoir retracer l'historique de la question. Nous avons cru préférable de la prendre telle qu'elle se présente actuellement et de tenter un travail qui, malgré d'inévitables lacunes, pourra, nous l'espérons, attirer sérieusement l'attention des géologues sur une série de faits et de phénomènes fort peu étudiés.

Dans ce mémoire nous insisterons particulièrement sur les lumières que la thèse des altérations, bien comprise, peut jeter dans l'étude de certains problèmes, tels, par exemple, que ceux abordés par nous dans le cours de nos recherches sur les couches éocènes des environs de Bruxelles, sur les dépôts pliocènes des environs d'Anvers et sur les dépôts quaternaires du bassin de Paris.

Dans cet ordre d'idées on trouvera, dans le chapitre consacré aux *altérations des roches calcaires,* des données non encore présentées jusqu'à ce jour, et des aperçus nouveaux sur les applications stratigraphiques qui découlent de nos recherches.

Ce chapitre offrira donc une utilité pratique très-grande au point de vue des données générales qu'il renferme et des facilités qu'il est appelé à apporter dans les recherches géologiques relatives aux terrains de même nature et d'âge quelconque.

Dans la plupart des autres chapitres on trouvera, outre les résultats de nos études personnelles, quelques observations en partie connues, mais jusqu'ici mal interprétées, se rapportant à notre thèse.

Nous avons, en outre, mentionné, en les groupant, divers faits mal observés jusqu'ici, afin de montrer sous une grande diversité d'effets, l'unité absolue des causes — non soupçonnées jusqu'ici — dont ces faits sont la manifestation.

MÉMOIRE

SUR

LES PHÉNOMÈNES D'ALTÉRATION DES DÉPÔTS SUPERFICIELS

PAR L'INFILTRATION DES EAUX MÉTÉORIQUES

ÉTUDIÉS DANS LEURS RAPPORTS AVEC LA GÉOLOGIE STRATIGRAPHIQUE.

CHAPITRE PREMIER.

CONSIDÉRATIONS PRÉLIMINAIRES SUR LE RÔLE DES AGENTS MÉTÉORIQUES DANS L'ALTÉRATION DES ROCHES.

Depuis longtemps l'attention des géologues était attirée sur l'observation des phénomènes de désagrégation et d'altération des roches superficielles par les agents météoriques.

Tout le monde aujourd'hui s'accorde à reconnaître l'importance qu'il faut attribuer à l'action de l'eau, de l'air, des variations de température, des phénomènes de dilatation et de contraction qui les accompagnent, à l'action de la gelée, de l'humidité, etc., sur la plupart des roches, même les plus dures et les plus compactes.

L'action de l'un de ces facteurs : l'infiltration des eaux météoriques ou pluviales, doit nous occuper spécialement. Mais il convient de rappeler rapidement les phénomènes produits par l'ensemble des autres agents, dont le rôle et les effets, plus faciles à étudier et à reconnaître, serviront de base et de point de départ à nos recherches.

On a parfaitement reconnu que le phénomène de désagrégation superficielle, dû aux agents météoriques, s'opère sur toute la surface de l'écorce terrestre.

Les inégalités du relief : hauteurs et profondeurs, tendent constamment à disparaître. Les roches désagrégées et les parties meubles, qui sont le résultat de leur décomposition, descendent le long des pentes et gagnent sans cesse des niveaux inférieurs. Les pluies et les torrents, les rivières et les fleuves entraînent ces débris en les pulvérisant de plus en plus; d'immenses dépôts sédimentaires s'accumulent ainsi dans la mer, non loin des rivages.

Peu à peu les contours des continents se modifient, non-seulement par suite de cet apport continu de sédiments dus aux érosions mécaniques, mais encore à cause du double travail d'érosion et de sédimentation effectué, le long des rivages, par les vagues de la mer.

Ces causes si simples, mais si universelles, modifient et transforment considérablement la configuration des terres et des mers.

Si nous quittons ce point de vue général et que nous fixions nos regards sur la surface terrestre, presque partout nous y retrouvons, nettement caractérisées, les influences des agents atmosphériques. En effet, on sait qu'il suffit d'observer une carrière récemment ouverte, une coupe nouvelle ou un talus fraîchement coupé, pour se convaincre qu'au point de vue de l'aspect, de la coloration, de l'agrégation, de la solidité et, parfois même, de la composition du dépôt, il existe des différences très-sensibles et souvent considérables entre l'intérieur et la superficie des roches.

Ces phénomènes de désagrégation et d'altération sont produits par les agents atmosphériques. Sous leur influence, la roche s'exfolie, se fissure; certains éléments se modifient ou se dissolvent au contact de l'eau; d'autres s'oxydent au contact de l'air; les agents destructeurs pénètrent, avec les eaux d'infiltration, dans les fentes et les crevasses. En hiver, la congélation agit, non-seulement en faisant fissurer et éclater la roche divisée par les vrais coins d'eau congelée qui en occupent toutes les fentes, mais aussi, en disjoignant peu à peu les parties intactes, imbibées de cette eau de carrière, que l'on sait maintenant exister en abondance dans presque toutes les roches composant l'écorce terrestre. Toutes ces causes réunies, et d'autres encore, telles que l'action corrosive et envahissante des racines d'arbres et des plantes, etc., multipliées par un facteur d'une puissance illimitée : le temps, produisent des effets surprenants, dont l'universalité commence seulement à être appréciée.

Il faudrait plusieurs chapitres pour exposer en détail l'influence qu'ont sur la désagrégation des roches et sur le nivellement des reliefs du sol, l'*eau*, considérée sous ses diverses formes : humidité, pluie, torrents, sources, rivières et fleuves, nappes souterraines, glaces, avalanches et glaciers, ainsi que l'*air*, sous forme de gaz sec ou humide, chaud ou froid, vent, tempête et orage. Mais, tel n'est pas, nous l'avons déjà dit, le but de ce travail, qui a en vue, non ces actions mécaniques, mais l'altération chimique des dépôts superficiels, causée par les réactions qui s'opèrent à la suite de l'infiltration des eaux météoriques. Notre but est de montrer que dans certaines conditions, fréquentes d'ailleurs à la surface du globe, ces phénomènes d'altération sont très-intenses et présentent des caractères dénotant un véritable métamorphisme.

C'est pour ne pas avoir reconnu cette action que l'on est si souvent arrivé à de fausses interprétations dans les relations stratigraphiques attribuées aux parties altérées et aux parties normales d'un même dépôt.

Nous verrons enfin que l'infiltration des eaux météoriques donne la solution d'une foule de questions dans lesquelles l'altération des roches n'avait pas été reconnue, ou bien avait été à tort attribuée à des influences thermales, geysériennes ou volcaniques. Ces interprétations ont donné lieu à des hypothèses encombrantes et d'ailleurs inexactes. De plus, on ôtait ainsi aux phénomènes géologiques cette généralité, cette grandeur et cette unité d'action qui les caractérisent.

Les phénomènes d'altération par infiltration superficielle ont-ils toujours passé inaperçus? Certainement non, car bien avant nos premières recherches, provoquées en 1874, par une observation due à M. le professeur Dewalque, des remarques isolées avaient déjà été faites au sujet de cette influence particulière des agents météoriques. Toutefois, l'examen de la question sous son véritable jour, c'est-à-dire au point de vue général de ses applications stratigraphiques, n'avait pas encore été entrepris. Personne ne paraît jusqu'ici avoir entrevu la loi si simple qui régit l'altération chimique des dépôts superficiels, phénomène qui donne naissance à un métamorphisme lent et continu, pouvant compter parmi les plus intéressantes des causes actuelles en géologie.

Les chimistes et les minéralogistes ont, surtout en Allemagne, mis nettement en relief toute l'importance du phénomène considéré au point de vue chimique et lithologique, mais les géologues stratigraphes n'ont guère compris jusqu'ici le parti qu'ils pouvaient tirer de ces observations. Le plus souvent, ils n'ont cru devoir reconnaître qu'un caractère local et tout accidentel aux observations qui s'offraient à eux. Ils ont parfois reconnu la nature du phénomène : l'action dissolvante d'une eau chargée d'acide, mais ils lui ont attribué des origines extraordinaires, nécessitant des hypothèses que rien ne justifiait. Lorsque, enfin, ils se sont trouvés dans la bonne voie, ils ont exposé leur manière de voir sous forme de simples essais sans jamais tenter aucune généralisation.

Nous croyons donc utile dans nos recherches sur cette question, non-seulement de faire connaître d'une manière suffisamment détaillée nos observations personnelles, mais encore de grouper en un faisceau homogène de nombreux faits restés isolés et sans corrélation entre eux.

Mettre en évidence la simplicité des causes relativement à la multiplicité des effets; démontrer l'universalité du phénomène, son importance au point de vue des recherches géologiques, attirer enfin l'attention des géologues sur un ensemble de faits constituant la base d'une thèse qui ne peut manquer de trouver partout à l'étranger, dans tous les terrains et sous toutes les latitudes, des applications de toute espèce, tel est notre but! Ce caractère d'universalité qui doit nécessairement s'imposer et se vérifier de jour en jour sera la plus sûre démonstration de notre thèse.

L'action des infiltrations superficielles ne se borne pas à produire des altérations dans les roches de la surface, ou bien dans celles en contact avec les nappes souterraines; elle donne également lieu à une importante série de phénomènes hydro-chimiques et de pseudomorphoses dans l'épaisseur de l'écorce terrestre. Ces phénomènes ont été dans ces dernières années l'objet des études d'un nombreux groupe de minéralogistes et de chimistes étrangers, qui ont montré le rôle important, non soupçonné auparavant, de l'eau d'infiltration dans la formation des minéraux et des roches.

Le *Traité de géologie et de paléontologie* de Credner, dont la traduction française a été publiée il y a deux ans [1], contient un excellent résumé de ces résultats si nouveaux et si intéressants.

Pour en revenir à l'étude plus spéciale qui fait l'objet de ce travail, c'est-à-dire à l'altération chimique et au métamorphisme des dépôts superficiels, voyons maintenant la nature exacte des agents concourant à la production de ces phénomènes, et examinons rapidement leurs rôles respectifs.

On sait que l'eau de pluie contient à l'état de dissolution de l'oxygène et de l'acide carbonique. Ainsi, M. Peligot a constaté qu'un litre d'eau de pluie contient en dissolution 25 centimètres cubes de gaz, dont 31.20 °/₀ d'oxygène et 2.40 °/₀ d'acide carbonique, c'est-à-dire une quantité plus notable de ces deux gaz qu'il n'en existe proportionnellement dans l'air atmosphérique.

D'autre part, il est établi que l'eau de pluie s'assimile, pendant son infiltration dans le sol, et surtout dans un sol végétal, une quantité supplémentaire, souvent considérable, d'acide carbonique.

Il a été démontré que les gaz tenus en dissolution dans l'eau sont, en grande partie, absorbés lors du passage de celle-ci au travers de corps poreux, comme le sont la plupart des roches. Cette absorption provient surtout des réactions qui s'opèrent lorsque l'acide carbonique et l'oxygène dissous dans l'eau se trouvent en contact avec les éléments calcaires, ferreux, etc., des dépôts traversés. L'acide carbonique disparaît presque entièrement; l'oxygène diminue dans une proportion notable.

Ainsi l'expérience qui a été faite par MM. Lefort et Poggiale sur du sable quartzeux pur (moins favorable cependant que tout autre aux réactions chimiques) a démontré que de l'eau contenant en dissolution $7^{cc}18$ d'oxygène ne renfermait plus, après le filtrage au travers de ce sable, que $5^{cc}91$ du même gaz.

Le gaz en dissolution dans l'eau de pluie est, nous l'avons dit, infiniment plus riche en acide carbonique et en oxygène que l'air atmosphérique. Par suite, l'eau pluviale qui s'infiltre au travers des dépôts superficiels et qui

---

[1] Credner, *Traité de géologie,* traduit de l'allemand sur la troisième édition par R. Monicz. Paris, 1878.

s'y étale souvent en nappes étendues, constitue un agent d'oxydation et de dissolution bien plus puissant que l'air atmosphérique.

On sait que l'eau chargée d'acide carbonique est un puissant dissolvant du calcaire. Mais les altérations des dépôts superficiels ne sont pas limitées aux seules roches calcaires; le contact des eaux atmosphériques suffit pour décomposer la nombreuse série des roches feldspathiques, pour réduire en terres meubles ou en argiles plastiques les roches schisteuses, pour modifier ou dissoudre certains éléments de ces dernières et surtout des roches silicatées.

Diverses expériences ont été faites à ce sujet. Elles ont démontré que la solubilité des roches dans l'eau pure et surtout dans l'eau chargée d'acide carbonique, est infiniment plus grande qu'on ne serait porté à le croire.

L'oxygène en dissolution dans les eaux météoriques, celui provenant de l'air entraîné mécaniquement dans le sol avec les eaux pluviales et enfin celui de l'air qui baigne les dépôts superficiels, donnent lieu, sous l'influence de l'humidité, à des phénomènes d'oxydation variés et très-accentués. La glauconie éparse dans les dépôts, les sels ferreux si généralement répandus dans les roches calcaires, marneuses, etc., s'oxydent et se transforment en sels ferriques, qui colorent en jaune ou en rouge les particules argileuses ou limoneuses dégagées par la dissolution du calcaire.

Le résidu de cette décomposition, s'infiltrant, avec les eaux, dans toute la masse du dépôt, en modifie profondément la coloration. Celle-ci varie du vert au jaune, du brun au rouge, suivant la nature des matières altérées, la proportion des sels ferreux ou de la glauconie et enfin suivant l'intensité plus ou moins grande des phénomènes d'oxydation.

La disparition des fossiles dans les roches calcarifères meubles, conséquence inévitable de la dissolution des éléments calcaires, est généralement accompagnée de phénomènes divers : tassement des dépôts, disparition des lignes de stratification, dissolution du ciment calcaire des bancs durs, apparences d'érosions et de ravinements, poches, puits, etc., qui doivent infailliblement dérouter l'observateur non prévenu. Celui-ci croira qu'au lieu d'une simple altération sur place et de métamorphisme actuel, il se trouve en présence de ravinements et d'érosions profondes, de séparations de couches et de dépôts d'origine et d'âge distincts. Il sera ainsi induit en erreur dans ses conclusions sur l'appréciation des phénomènes et sur la succession géologique des dépôts observés.

La dissolution du carbonate de chaux dans un calcaire siliceux, les modifications des roches siliceuses elles-mêmes, la production si constante dans ces phénomènes d'altération, de résidus argileux rougeâtres, les apparences d'érosion et la corrosion des dépôts sous-jacents feront aussi invoquer l'influence de sources acides, d'actions hydro-thermales, d'éjaculations geysériennes, de ruissellements d'eaux acidulées d'origine interne, etc. Et cependant tous les phénomènes observés ne sont que la conséquence naturelle de l'infiltration des eaux atmosphériques, chargées d'acide carbonique et ayant pu agir pendant un laps de temps suffisant.

Au premier abord, il paraîtra peut être étonnant que l'eau et ses gaz, avec leurs effets d'oxydation et de dissolution, puissent produire des modifications si considérables dans les roches et dans les dépôts superficiels. Mais il ne faut pas perdre de vue l'influence toute puissante du temps. Comme facteur de l'air atmosphérique, agent peu énergique s'il en est, le temps produit des phénomènes de désagrégation et d'altération que personne ne songe à nier, tant ils sont puissants et universels sur la surface terrestre.

Puisqu'il faut rechercher dans l'infiltration des eaux pluviales l'origine de l'altération des dépôts superficiels, les phénomènes qui en résultent ne peuvent être localisés dans une région ou dans un terrain déterminés. La conséquence logique de cet état de choses doit être celle-ci : partout où il y a des dépôts calcarifères, des roches calcaires, argileuses, métallifères, feldspathiques, voire même siliceuses et cristallines, soumises à des phénomènes d'infiltration par les eaux météoriques, partout enfin où ces dépôts, plus ou moins meubles ou perméables, ne sont pas protégés contre les influences atmosphériques, soit par leur situation, soit par des couches imperméables ou d'autres modes de protection, partout aussi apparaîtront les phénomènes d'altération et de métamorphisme que nous allons décrire.

Par leur essence même, ceux-ci doivent être aussi universels dans leurs effets que dans leur cause.

Si ces lois du métamorphisme par infiltration sont vraies en un point, elles doivent l'être sous toutes les latitudes et dans toutes les formations, dans tous les dépôts superficiels. Elles ont dû agir à toutes les époques de la formation terrestre, du moins sur les continents et dans les régions émergées. L'intensité seule du phénomène a pu varier, comme elle varie encore aujourd'hui. Il n'est enfin pas douteux que, l'attention des géologues étant suffisamment attirée par l'étude de cette intéressante question, l'on ne découvre de nombreuses applications, confirmant nos observations personnelles et montrant partout l'action de ces phénomènes, non-seulement sur les dépôts superficiels de l'écorce terrestre actuelle, mais encore sur ceux qui constituaient la surface du sol émergé pendant les diverses phases de l'histoire de la terre.

Avant de passer en revue l'action des infiltrations superficielles, c'est-à-dire de l'eau chargée d'oxygène et d'acide carbonique sur les diverses espèces de roches constituant l'écorce terrestre, nous ferons remarquer que nos recherches personnelles, ayant principalement porté sur les terrains tertiaires de la Belgique, c'est-à-dire sur des sédiments généralement calcarifères, il en résultera pour le chapitre consacré aux roches calcarifères, une extension plus considérable que pour les autres. Cela offrira d'autant moins d'inconvénient que c'est surtout dans les dépôts calcaires que les phénomènes d'altération se présentent dans toute leur intensité et avec la plus grande diversité d'effets; aussi, est-ce dans ces dépôts que l'étude des altérations présente le plus d'intérêt au point de vue des déductions géologiques et stratigraphiques.

Bien que notre travail comprenne un grand nombre de faits et d'observations, il n'est pas douteux que bien des applications nous auront échappé. La thèse que nous présentons en fournit de si variées, nombreuses et universelles même, que nous ne saurions raisonnablement espérer avoir tout embrassé.

Sans plus tarder, nous allons maintenant examiner successivement l'action des altérations par infiltration des eaux météoriques dans les roches feldspathiques, métallifères, siliceuses, schisteuses, argileuses et calcaires. En même temps, nous montrerons quelques-unes des applications stratigraphiques auxquelles ces études ont donné lieu dans le cours de nos recherches.

CHAPITRE SECOND.

ÉTUDE DES PHÉNOMÈNES D'ALTÉRATION PRODUITS PAR L'INFILTRATION DES EAUX
MÉTÉORIQUES DANS LES DIVERSES ROCHES DE L'ÉCORCE TERRESTRE.

1. — *Roches feldspathiques.*

Généralement toutes les roches feldspathiques, plutoniennes et volcaniques sont très-sensibles à l'action des agents météoriques. C'est là un fait bien établi, et, dans ce chapitre, il nous suffira de résumer un ensemble de faits connus, auxquels nous n'aurons rien à ajouter, pour exposer complétement la nature et les effets de cette action.

Non-seulement l'eau pure amène par son contact une altération profonde des roches feldspathiques, et le plus souvent leur transformation en une terre tendre, homogène et poreuse, mais l'humidité contenue dans l'air peut donner lieu au même résultat.

La conservation des monuments granitiques de l'Égypte, opposée à la décomposition rapide du granit transporté dans un climat froid et humide, tel que celui du nord de la Russie a été signalée déjà [1] comme un exemple frappant de l'influence de l'humidité atmosphérique sur la décomposition des roches.

De la Bèche [2] rapporte, d'après M. d'Aubuisson, que dans un chemin creux, encavé à la poudre depuis six ans seulement dans le granite, on voyait la roche entièrement décomposée jusqu'à la profondeur de 3 pouces. D'apès

---

[1] A. DE LAPPARENT, *Revue de géologie* pour les années 1870 et 1871, vol. X, p. 230. Paris, 1873.

[2] H. DE LA BÈCHE, *Manuel géologique;* traduit de l'anglais sur la seconde édition par Brochant de Villiers, p. 51. Paris, 1838.

le même auteur, les granites de l'Auvergne, du Vivarais et des Pyrénées orientales, sont souvent tellement décomposés que le voyageur croit marcher sur des amas considérables de graviers.

On sait d'ailleurs que le granite et les pegmatites, désagrégés et réduits à l'état sableux, n'ont besoin que d'une très-courte exposition à la pluie et aux influences atmosphériques pour se transformer entièrement en kaolin.

Le granite enfoui dans un sol humide s'altère très-rapidement; témoin, les meules en granite kaolinisé rencontrées dans les fouilles d'Alise en Bourgogne, et datant du temps de Jules César [1].

Les recherches expérimentales de MM. Daubrée, Truchot, Cossa, Beyer et d'autres, ont montré que si l'eau pure suffit à décomposer la plupart des roches feldspathiques, l'eau chargée d'acide carbonique produit une action bien plus énergique encore. De nombreuses expériences ont été faites en ce sens sur les basaltes, les laves et sur d'autres roches feldspathiques d'origine volcanique. Les plus dures et les plus compactes de ces roches, telles que certaines formes de basalte : la sélagite, par exemple, résistent assez bien au processus expérimental comme aux influences atmosphériques; d'autres, plus tendres et très-poreuses, sont facilement pénétrées par les infiltrations et se décomposent aisément; les trachytes sont généralement dans ce cas; enfin, certaines roches feldspathiques soumises à l'influence des eaux d'infiltration passent très-rapidement à l'état argileux; c'est ce que montre particulièrement une variété d'ophite : la spilite.

Les expériences de M. Beyer [2] ont démontré que le feldspath se décompose aussi très-rapidement au contact de l'eau contenant du sulfate d'ammoniaque ou bien du chlorure de sodium, substances existant dans le sol végétal et accompagnant parfois les gaz en dissolution dans les eaux qui s'infiltrent dans le sol.

On voit donc clairement que les eaux superficielles d'infiltration constituent avec le temps un puissant dissolvant des roches feldspathiques.

L'humidité atmosphérique et surtout le ruissellement des eaux pluviales et

[1] A. DE LAPPARENT, *Revue de géologie* pour les années 1870 et 1871, vol. X, p. 250. Paris, 1873.

[2] *Archives de pharmacie*, t. CL, p. 193 (1875).

torrentielles à la surface des massifs granitiques ou feldspathiques quelconques produit, avec une grande rapidité, la décomposition d'une mince couche superficielle de granit. L'acide carbonique contenu dans ces eaux dissout les sels alcalins de potasse et de soude du feldspath; le silicate friable d'alumine est emporté avec le mica et le quartz, qui, avec le feldspath, constituaient la roche granitique.

La répétition constante du même phénomène donne bientôt lieu à l'ablation d'une quantité très-sensible de la roche, dont la surface, sans cesse renouvelée et constamment altérée et décomposée, subit peu à peu une érosion considérable. Lorsque la disposition topographique ou spéciale du massif altéré ne permet pas aux eaux pluviales de s'écouler rapidement, en entraînant les résidus de la décomposition à des niveaux inférieurs, ils restent s'accumuler sur place, et l'on obtient un dépôt blanchâtre ou peu coloré, de silicate d'alumine plus ou moins mélangé de grains quartzeux et de mica, connu sous le nom de *kaolin*.

On comprend aisément, par ce qui précède, que la décomposition des roches feldspathiques doit être un phénomène général à la surface de la terre, dans les régions d'affleurement de ces roches.

Là où les roches feldspathiques, soit très-développées, soit accidentelles et localisées, sont disloquées et fracturées par des failles et des fentes, l'eau atmosphérique, qui pénètre dans celles-ci et qui y séjourne en se renouvelant sans cesse, doit nécessairement altérer les parois des fentes; elle modifie bientôt la roche feldspathique, dont le résidu terreux, devant forcément rester en place, apparait alors sous forme de filons de kaolin, parfois très-épais et très-étendus.

Lorsque des filons éruptifs de roches feldspathiques se rencontrent dans des roches imperméables et affleurent en même temps à la surface du sol, les eaux superficielles les altèrent, s'y infiltrent, en kaolinisant rapidement tout le dépôt feldspathique.

Les réservoirs poreux, ainsi formés, contiennent parfois ces eaux d'infiltration rassemblées en grande abondance, ainsi que le démontre clairement l'afflux d'eaux souterraines, souvent constaté dans les travaux d'exploitation voisins de croisements de filons de granite kaolinisés.

Les carrières de porphyre de Quenast (Belgique) ont donné lieu à quelques observations intéressantes sur les phénomènes d'altération chimique par les eaux d'infiltration superficielles.

Elles se trouvent exposées dans le beau mémoire de MM. de la Vallée Poussin et Renard sur les roches plutoniennes de la Belgique et de l'Ardenne française [1].

Ces auteurs ont constaté que le porphyre de ces carrières est parfois altéré jusqu'à une profondeur de 45 mètres, mais le microscope seul peut révéler cette modification intime de la roche.

Quant à l'altération plus prononcée que dénote la décomposition de la roche, elle est parfois bornée à une couche superficielle très-mince; mais elle peut aussi pénétrer très-avant dans la masse sous-jacente, atteindre les bancs les plus profonds et traverser même toute une exploitation.

Dans les « bancs pourris » de la zone profonde, où les eaux ont pénétré en suivant les fentes et les fractures de la roche, la décomposition du porphyre en masse friable n'est que rarement accompagnée de phénomènes de coloration brunâtre ou jaunâtre, tels qu'on les observe à la surface. Il est évident que l'oxydation des parties supérieures est due au contact de l'oxygène des eaux pluviales et de l'air qui baigne la zone superficielle du dépôt altéré.

« Une curieuse circonstance, disent les auteurs du mémoire précité, c'est que le degré d'altération des blocs et des sphéroïdes superficiels des carrières de Quenast dépend avant tout de l'épaisseur des couches meubles et argileuses qui les surmontent. En dessous de 4 à 5 mètres de sable et d'argile, la roche peut être exploitée avec avantage. Elle subit donc fortement l'influence des actions atmosphériques actuelles. »

Cette observation montre que lorsque des dépôts suffisamment épais ou bien imperméable ont protégé le sous-sol contre l'infiltration des eaux atmosphériques, l'altération chimique de la roche sous-jacente s'est fait peu ou point sentir.

---

[1] De la Vallée Poussin et Renard, *Mémoire sur les caractères minéralogiques et stratigraphiques des roches dites plutoniennes de la Belgique et de l'Ardenne française* (Mém. cour. de l'Acad. royale des sciences de Belgique, t. XL, 1876).

II. — *Roches métallifères.*

Les roches métallifères, se trouvant rarement à la surface du sol, n'ont pas été atteintes aussi fréquemment que les autres par les altérations dues aux agents météoriques. Cependant l'action de l'air atmosphérique et surtout celle de l'oxygène en dissolution dans les eaux d'infiltration, donne lieu à des phénomènes d'oxydation bien connus. Ils s'observent partout où les dépôts métallifères deviennent accessibles à l'influence de ces agents, soit par le fait de travaux d'exploitation, soit par le fait de l'infiltration des eaux superficielles dans les fentes, filons ou gisements quelconques de ces roches métallifères.

Les phénomènes d'oxydation modifient profondément la nature de ces dernières. C'est ainsi que la plupart des sulfures en s'altérant se changent en sulfates : la pyrite de fer devient du sulfate de fer et ensuite de la limonite ; la blende se transforme en sulfate de zinc ; la pyrite cuivreuse en sulfate de cuivre ; le soufre donne naissance à de l'acide sulfurique, qui à son tour modifiera la roche encaissante ; la galène se change en sulfate de plomb ; l'argent natif en sulfate d'argent, etc., etc.

De plus, certaines réactions chimiques bien connues se produisent ensuite de ces premières modifications ; il se forme ainsi des oxydes et des carbonates métalliques, donnant naissance à un grand nombre de produits : la céruse, la malachite, l'azurite, l'ocre et tant d'autres substances, dont l'origine première est ainsi due à ces phénomènes d'infiltration et d'altération produits par les agents météoriques.

La transformation du calcaire en gypse, qui en divers points s'est opérée sur une très-vaste échelle, peut quelquefois être attribuée à l'action d'eaux souterraines sulfatisées, résultant de la décomposition de pyrites voisines, oxydées par suite de l'infiltration des eaux météoriques.

La formation du gypse peut donc alors être considérée comme une conséquence directe de l'infiltration des eaux pluviales.

Pour en revenir aux phénomènes plus simples et mieux définis de l'oxydation des métaux et de la sulfatisation des sulfures, nous rappellerons, comme exemple bien démonstratif de cette action des agents atmosphériques, le cas de certains fossiles imprégnés de sperkise ou de sulfure de fer, tels que ceux de l'argile de Londres et de l'argile de Boom, ceux de certains gisements jurassiques, etc., qui, recueillis en parfait état de conservation au sein de la roche non soumise au contact de l'air ou des eaux d'infiltration, se décomposent, et tombent en fragments dans les parties humides ou superficielles du dépôt. Parfois même le contact de l'air humide sulfatise et fait tomber en poussière dans les collections les fossiles recueillis en bon état dans les parties intactes et sèches du dépôt.

Il est parfaitement établi que lorsque l'oligiste ou le fer spathique est mis à découvert pendant un certain nombre d'années dans une exploitation à ciel ouvert, les phénomènes d'altération apparaissent peu à peu à la surface mise à nu; de plus, les infiltrations gagnent rapidement les massifs dénudés où le minerai se change bientôt en limonite ou hydrate ferrique.

L'influence de l'infiltration des eaux météoriques dans la production de ce phénomène se retrouve dans le fait bien connu de la décomposition du minerai de fer infiniment plus rapide au sein d'une roche schisteuse que dans les gisements granitiques : conséquence naturelle de la plus grande perméabilité des schistes.

Les matières diverses en suspension dans les eaux d'infiltration concourent souvent à la production de phénomènes secondaires très-intéressants. Ainsi, l'analyse de minerais de fer altérés et oxydés par suite d'infiltrations a révélé des modifications parfois très-sensibles dans la constitution chimique des minerais, et il est certain que la présence d'acide carbonique, si générale dans les minerais altérés, l'augmentation d'alumine de silice et enfin l'apparition du soufre et du phosphore ne peuvent être attribuées qu'aux réactions chimiques dues à l'existence des phosphates, sulfates, carbonates, à celle de la silice, de l'argile et des autres substances qui se trouvent fréquemment dans les eaux provenant d'infiltrations au travers d'un sol végétal.

Les failles et les filons, souvent tapissés de minerais, qui traversent certaines roches compactes forment en quelque sorte des réservoirs naturels où viennent se rassembler les eaux d'infiltration. Ces gisements métallifères montrent alors d'une manière frappante l'influence des agents météoriques et en particulier celle de l'oxygène en dissolution dans l'eau. La partie supérieure du filon, ou parfois même celui-ci tout entier, présente une série de phénomènes d'hydratation, d'oxydation et de sulfatisation très-intéressants à étudier.

Certains gisements de pyrite de fer affleurent à la surface du sol; la décomposition de la partie superficielle des filons donne alors lieu à une espèce de croûte ou de calotte particulière, connue sous le nom de chapeau de fer.

La transformation en limonite amorphe des cubes ou sphéroïdes de pyrite de fer qui sont parfois dispersés au sein des roches paléozoïques ou crétacées est aussi due aux agents atmosphériques et se trouve toujours favorisée par l'infiltration des eaux du sol.

Dans certaines roches contenant des silicates ferreux, tels que la glauconie, par exemple, l'oxydation des matières par suite de l'infiltration des eaux météoriques met en liberté l'oxyde ferrique qui, s'infiltrant avec l'eau dans toute la masse du dépôt, colore celui-ci de diverses manières, d'après le degré d'altération et la quantité des sels ferreux. Ce phénomène s'observe souvent dans les dépôts meubles et perméables, très-riches en éléments glauconieux, tels, par exemple, que la plupart des couches tertiaires de la Belgique. Ce cas se présente encore dans divers dépôts quaternaires en France, en Belgique, etc., et, en général, dans les couches calcarifères contenant des éléments ferreux.

L'oxyde ferrique mis en liberté et s'infiltrant dans les dépôts meubles est parfois assez abondant pour donner naissance à des phénomènes de concrétionnement, d'agglutination, etc. Il se forme alors des géodes limoniteuses, de véritables grès ferrugineux, parfois assez riches pour être traités comme minerais.

Les grès ferrugineux exploités dans quelques localités de la Campine n'ont pas d'autre origine; c'est le résultat de la décomposition, par suite d'infiltrations, de la glauconie des sables sous-jacents, tantôt en place et pliocènes, tantôt remaniés et quaternaires.

Le ciment ferrugineux résultant de la décomposition de la glauconie et des sels ferreux de dépôts calcaires, peut également agglutiner des galets, etc., et former ainsi des poudingues récents qui expliquent la formation de certains poudingues analogues observés au sein des couches paléozoïdes.

Le mode de formation des grès ferrugineux et de minerais de fer, sous la simple influence des infiltrations, nous conduira tout naturellement à admettre que, dans certains cas, les failles et les fractures avec filons métallifères, ont dû être remplies non de bas en haut par voie d'éjaculation, mais de haut en bas par voie humide ou hydro-chimique. Les minerais de fer de ces filons auraient été formés par les dépôts successifs des eaux d'infiltration tenant en dissolution les sels ferriques enlevés aux dépôts superficiels altérés.

Les eaux d'infiltration peuvent encore contenir en dissolution diverses matières et sels métalliques qui, se rencontrant dans les fentes avec certaines substances préexistantes dans la roche, forment des métaloxydes, des sulfures métalliques et se déposant sous forme de minerais.

Il convient cependant d'ajouter que ce sont les sources minérales ou d'origine interne qui paraissent avoir le plus souvent contribué à la formation de filons métallifères.

Certains dépôts ferrugineux qui s'observent à la surface du sol sont d'origine moderne. On en rencontre un certain nombre en Belgique, et les plus importants d'entre eux montrent, par leur situation, leurs relations évidentes avec les causes qui leur ont donné naissance.

On les trouve dans les dépressions du sol, où séjournent les eaux pluviales et les nappes superficielles; ils s'étendent le long des rivières, etc., et recouvrent les régions dont le sol perméable est constitué par des roches glauconifères.

D'autres dépôts ferrugineux se rencontrent, au contraire, au sommet de nos collines tertiaires. Ils sont d'origine ancienne, mais formés par la même cause : l'altération des roches glauconieuses sous-jacentes.

Nous reviendrons tantôt sur ce sujet, dans la partie du chapitre relatif aux roches siliceuses, consacré à l'altération de la glauconie.

Les grès ferrugineux bruxelliens qui dans la vallée de la Senne forment le long de certaines lignes de fracture transversales à la vallée, des dépôts locaux peu développés, mais bien caractérisés; ceux qui ont été exploités à Groenendael dans la même assise proviennent probablement de phénomènes de cimentation et de concrétionnement effectués, non sous l'influence d'infiltrations actuelles, mais à une époque continentale reculée.

De même, les grès ferrugineux des sables de Fontainebleau dans le bassin de Paris, ceux de divers autres dépôts, tertiaires, quaternaires, et même plus anciens, les grès rougeâtres et sans fossiles contenus dans de puissantes formations géologiques ont pu se former de la même manière que les grès actuels, à des époques diverses de l'histoire de la terre. Il y a là tout un champ d'étude à explorer, que nous nous bornons à signaler à l'attention des observateurs.

Il est inutile d'insister plus longtemps sur les effets de l'altération des roches métallifères sous l'influence des agents météoriques, ni sur les phénomènes qui s'y rattachent, parce que ces questions, ainsi que l'étude des réactions hydro-chimiques qui en découlent, font plutôt partie du domaine de la chimie et n'ont que des rapports peu directs avec les questions stratigraphiques que nous désirons mettre plus particulièrement en évidence.

III. — *Roches schisteuses et argileuses.*

On sait que les schistes, qui sont généralement de coloration sombre ou foncée, s'altèrent et deviennent jaunes, brunâtres ou blanchâtres dans les fissures et dans les endroits exposés aux agents météoriques. Au contact de l'air humide et surtout des eaux pluviales et d'infiltration, les roches schisteuses se délitent et finissent par se réduire, tantôt en terres meubles, tantôt en argiles plastiques, rappelant l'état primitif de la roche schisteuse.

Ce phénomène se produit d'une manière très-accentuée sur les plateaux de la région haute de la Belgique, où affleurent les schistes anciens des terrains primaires.

Dumont avait déjà montré en 1847 [1] que les phyllades siluriens et les phyllades deviliens et reviniens du terrain ardennais se montrent altérés par

---

[1] Voir son *Mémoire sur les terrains ardennais et rhénan de l'Ardenne, du Rhin, du Brabant et du Condroz* (Mém. de l'Acad. royale des sciences de Belgique, t. XX, 1847).

les agents météoriques et surtout par les eaux d'infiltration jusqu'à une grande profondeur; ils se décolorent, se délitent et se transforment en une terre argileuse tendre, compacte et peu plastique, d'une coloration jaune grisâtre ou grise, toujours plus pâle que la roche intacte; les phyllades salmiens altérés donnent, au contraire, naissance à une terre plus foncée que la roche intacte.

La nappe superficielle de terre friable ou d'argile que produit dans la région élevée du pays l'altération des roches schisteuses couvre d'un manteau toutes les inégalités du sol. On remarque qu'elle est mince sur les éminences et épaisse dans les dépressions; c'est là une conséquence du rassemblement des eaux pluviales et d'infiltration dans les parties basses et de l'énergie plus considérable qui en résulte dans le travail chimique d'altération de la roche.

Il est aisé de se convaincre que la terre meuble recouvrant nos couches schisteuses n'est pas un terrain de transport, assimilable à nos limons quaternaires, par exemple, car vers le haut du dépôt meuble on rencontre, épars et aux contours émoussés et arrondis sur les angles, des fragments parfois friables et toujours très-altérés de la roche sous-jacente; plus bas les fragments de roche augmentent en nombre et en volume; on arrive ainsi au dépôt schisteux peu altéré, mais délité, puis fissuré et crevassé et enfin à la roche intacte et non décolorée, qu'une transition insensible rattache à l'argile ou à la terre friable de la superficie.

Cette transition n'est pas toujours aussi appréciable, et il en est résulté que des géologues ont confondu avec les terrains de transport de l'époque quaternaire et rattaché à l'un ou l'autre niveau de cette période ces terres meubles ou argileuses, résidu d'altérations sur place des terrains primaires. Il en est de même pour certaines parties des Flandres et du Hainaut, où MM. Cornet et Briart nous ont dit avoir reconnu que de vastes surfaces recouvertes d'argile ypresienne altérée ont été rapportées par Dumont à la nappe du limon hesbayen. On voit combien il importe d'observer attentivement les dépôts de ce genre avant de rien décider relativement à leur âge ou à leur origine.

Divers observateurs ont signalé un curieux changement d'allures qui affecte parfois la tête des roches schisteuses dans les affleurements où elles ont subi les altérations dues aux agents météoriques. Des coupes pratiquées au sein de la roche ont fait voir que la partie supérieure des schistes, altérée, fissurée, mais encore stratifiée et reconnaissable, s'était affaissée en se repliant sur elle-même. La roche, devenue tendre et compressible, paraissait avoir cédé sous le poids de la partie superficielle, imprégnée d'eau. Ce phénomène s'observe surtout sur les pentes et peut induire le géologue en erreur sur la véritable inclinaison des couches, d'autant plus que, dans la partie superficielle et repliée du dépôt, l'inclinaison apparente peut être en sens inverse de la direction normale des couches.

L'altération métamorphique des roches schisteuses, changées en argiles ou en terres meubles, a pu commencer à s'opérer depuis une époque géologique parfois extrêmement reculée, surtout dans les régions où les roches sont restées constamment émergées et soumises à l'influence des infiltrations, etc.

Cette altération peut se produire également dans les profondeurs de la terre lorsque, par suite de fentes, de fractures ou de failles, les eaux d'infiltration se trouvent en contact prolongé avec des roches schisteuses ou autres. Des observations faites récemment dans le bassin houiller de Liége ont même démontré que le changement souterrain et sur place d'un schiste ancien en argile plastique peut s'opérer très-rapidement sous l'influence des infiltrations actuelles.

Dans un puits, creusé aux environs de Liége, dans une région traversée par d'anciennes exploitations minières, M. Firket [1] a rencontré, sous 2 ou 3 mètres de smectique hervienne (crétacé inférieur) surmontée de dépôts quaternaires, le système houiller, représenté, vers le haut, par un psammite épais de 1 mètre environ, par de l'argile grise plastique épaisse de $0^m,40$ et, en dessous, par le schiste houiller.

Partout ailleurs dans la région, le banc de psammite et les couches imperméables de la smectique ont empêché les eaux de la surface d'atteindre le schiste, dont la partie supérieure, en contact avec le psammite, est restée

---

[1] A. FIRKET, *Transformation sur place du schiste houiller en argile plastique* (ANN. DE LA SOC. GÉOL. DE BELGIQUE, t. Ier, 1874, p. 60).

4

intacte. Mais près du puits, il s'est formé des vides, par suite d'anciens travaux d'exploitation effectués aux environs et non remblayés; le psammite s'est fissuré et fracturé en divers points et, ainsi qu'il est facile de le constater, il s'est affaissé en disloquant les couches imperméables qui le recouvrent.

Les eaux pluviales, pénétrant alors dans le sous-sol par ces fissures, se sont étendues en nappe à la surface du schiste et en ont transformé la partie supérieure en une couche accidentelle et locale d'argile plastique très-pure. Le psammite lui-même a été attaqué et est devenu brunâtre par oxydation.

M. Firket fait remarquer que l'infiltration des eaux atmosphériques à la surface du schiste n'a pu s'opérer que postérieurement aux anciennes exploitations, qui ne remontent pas au delà de sept cents ans au maximum. Ce laps de temps a donc suffi pour donner naissance aux 40 centimètres d'argile plastique observés dans le puits.

A Tilleur, dans le même bassin, un autre puits, également creusé au voisinage d'anciennes exploitations, ayant aussi amené des épanchements de la nappe liquide superficielle, a montré au même observateur un lit de schiste transformé en argile noire et un banc de psammite changé en une argile sableuse et micacée, de coloration grisâtre.

M. Firket conclut de ces observations, que les roches schisteuses peuvent subir, dans certaines circonstances, des altérations considérables, s'effectuant sur place, dans un laps de temps relativement très-court. Il ajoute qu'il n'est donc pas nécessaire de toujours invoquer l'intervention de sources minérales pour expliquer la transformation du schiste en argile : l'infiltration des eaux pluviales suffisant pour effectuer ce phénomène en peu de temps.

On a remarqué d'ailleurs qu'il suffit de quelques années pour transformer en argile plastique un bloc de schiste houiller dit *mur*, exposé à l'air et aux intempéries.

Sous l'influence des agents météoriques, les phyllades et les schistes se transforment, avons-nous dit, en terres meubles ou en argiles; mais les roches argileuses et en particulier l'argile proprement dite (silicate d'alumine insoluble, résultant lui-même de la décomposition de roches préexistantes) ne peuvent plus se modifier de nouveau, du moins d'une manière appréciable.

Les psammites, les argilites, les smectiques, etc., peuvent cependant offrir certains phénomènes de désagrégation et même d'altération, à cause des matières quartzeuses, siliceuses, glauconieuses ou calcaires qu'ils renferment.

Dans les plateaux du Condroz, par exemple, les psammites famenniens se montrent souvent altérés à une très-grande profondeur. Il suffit d'examiner soigneusement le dépôt dans une coupe fraîche pour se convaincre du passage graduel reliant la roche intacte à la terre très-légère qui en constitue le résidu altéré.

Les argiles, avons-nous dit, ne peuvent subir aucune action métamorphique ni une altération sensible sous l'influence des agents météoriques. Les dépôts argileux n'en jouent pas moins un rôle important dans la question de l'altération des roches. L'argile, en effet, lorsqu'elle est compacte ou suffisamment développée, s'oppose, comme corps imperméable, à l'infiltration des eaux pluviales ou des nappes imbibant le sol végétal. Elle protège donc contre les phénomèmes d'altération les dépôts perméables meubles ou compactes qu'elle recouvre.

C'est ainsi que dans la figure 1 ci-dessous, la couche d'argile compacte B a protégé contre les phénomènes d'infiltration et d'altération les sables meubles et calcarifères C. Là où l'argile manque ou s'amincit, le dépôt sableux s'imprègne de l'eau d'infiltration qui a traversé le sol végétal A et le sable calcarifère se transforme alors en un résidu quartzeux D, décalcifié et oxydé, entièrement différent, dans son aspect, du dépôt C.

Fig. 1.

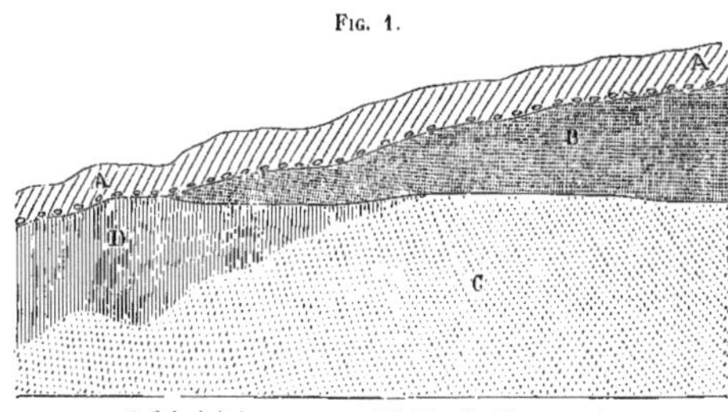

A Sol végétal.   C Sable calcarifère normal.
B Argile compacte.   D Zone altérée.

Ce rôle protecteur des argiles peut d'ailleurs être également rempli par une couche suffisamment épaisse de limon; tel est le cas pour le limon quaternaire, par exemple, dont certains massifs, parfois très-développés, empêchent complétement les infiltrations d'atteindre les couches sous-jacentes.

Le même effet est encore obtenu par des couches de sables gras ou argileux et même par des dépôts meubles et perméables, mais suffisamment épais pour absorber à eux seuls toute la quantité d'eau pluviale que reçoit le sol.

Puisque nous voici amené à parler de la protection des dépôts, nous ouvrirons une parenthèse pour faire remarquer que la situation de certains dépôts perméables sur les pentes, sur le flanc des collines ou des vallées suffit parfois à elle seule pour empêcher le phénomène d'altération de se produire, ou tout au moins pour en restreindre considérablement les effets. Cela résulte de ce que les eaux pluviales glissent rapidement sur la surface d'un terrain en pente et que, avec les nappes superficielles d'infiltration, elles gagnent des altitudes inférieures, où elles s'accumulent, et où les phénomènes d'altération hydro-chimique des roches se montrent dans toute leur intensité. (Voir la figure ci-dessous.)

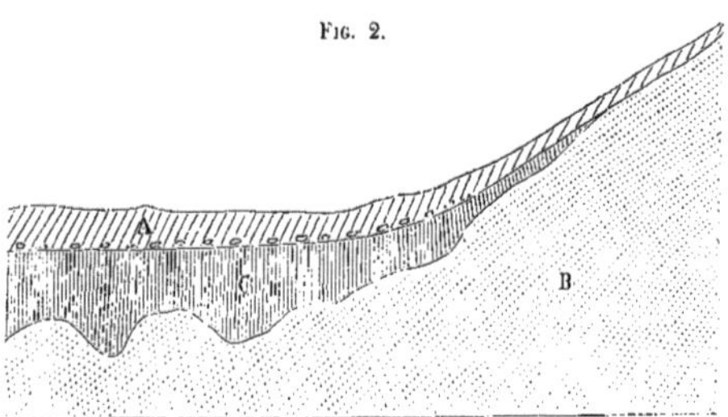

Fig. 2.

A Sol végétal.   B Sable calcarifère normal.   C Zone altérée.

C'est par le même motif que les dépôts coïncidant avec la ligne de crête ou de partage de deux bassins hydrographiques ou simplement d'une forte ondulation du sol s'abaissant en pente dans deux directions opposées, se trouveront rarement très-affectés par les phénomènes d'altération. Les eaux pluviales descendront en ruisselant à la surface du terrain sans s'y infiltrer, à moins cependant que le sol ne soit très-perméable.

Dans certains cas aussi, les eaux pluviales peuvent entraîner et transporter au loin le dépôt superficiel altéré, au fur et à mesure de sa formation et de son renouvellement successifs.

En étudiant les couches tertiaires de la Belgique nous avons rencontré des preuves frappantes montrant les relations étroites qui existent entre les causes de protection des dépôts du sol et du sous-sol, citées plus haut, et l'intensité des phénomènes d'altération.

Pour en revenir au rôle de l'argile, dont cette courte digression nous a quelque peu écarté, nous noterons qu'une mince couche de cette substance, bien compacte et continue, suffit parfois pour protéger efficacement les sédiments meubles sous-jacents. Par contre, un dépôt imperméable et très-épais, mais localisé ou conservé sur une étendue restreinte, ne protége nullement les couches inférieures, dont l'altération peut se faire par circulation latérale d'eaux souterraines provenant d'infiltrations voisines. Cela s'observe souvent dans certaines de nos collines tertiaires, dont le couronnement argileux n'a pu empêcher l'altération complète de toute la masse sous-jacente, attaquée latéralement et sur tout le pourtour découvert, par les phénomènes d'infiltration. (Voir la figure ci-dessous.)

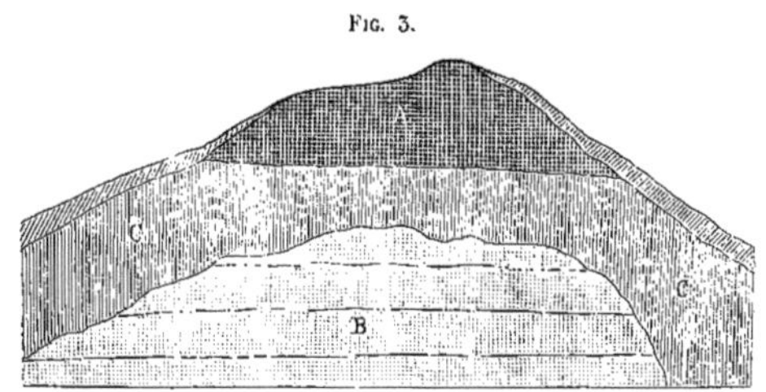

Fig. 3.

A Sommet argileux d'une butte tertiaire. B Sable calcarifère normal. C Zone altérée.

Lorsqu'une argile compacte, suffisamment épaisse pour jouer le rôle de manteau protecteur, se trouve disloquée, pénétrée de fentes et de fissures, les eaux météoriques s'y infiltrent et agissent sur les dépôts sous-jacents, malgré la présence du lit argileux. Tel est précisément le cas de la smectique hervienne observée près de Liége par M. Firket, au-dessus des schistes houillers altérés dont nous avons parlé plus haut.

Parmi les exemples de protection de couches, rencontrés pendant le cours de nos recherches, nous citerons particulièrement les hauteurs de la rive gauche de la Senne à Bruxelles, où l'argile glauconifère wemmelienne [1], conjointement avec le limon quaternaire, très-développé dans cette région, a généralement protégé contre tout phénomène d'altération les dépôts meubles et calcarifères sous-jacents. (Voir la figure 1 de la planche.)

Sur la rive droite de la vallée, où le limon est peu ou point développé et où l'argile glauconifère wemmelienne a été presque partout enlevée par dénudation, les sables wemmeliens, ainsi que les sédiments laekeniens et bruxelliens sous-jacents, ont été profondément altérés, privés de fossiles et modifiés au point que, avant nos recherches, tous les géologues indistinctement ayant étudié la contrée ont toujours cru avoir affaire à des dépôts différents de ceux, intacts et fossilifères, de la rive gauche.

Un lambeau bien développé d'argile glauconifère wemmelienne a été rencontré sur un plateau limité de la rive droite : à la plaine de Linthout

---

[1] L'introduction du terme *Wemmelien* est toute récente dans la nomenclature des terrains tertiaires belges. Elle est due à MM. Rutot et Vincent, qui ont séparé du système laekenien de Dumont l'étage supérieur de ce groupe et lui ont donné le nom de système wemmelien, après avoir démontré d'une manière indiscutable l'autonomie de cet horizon, qui se rattache nettement à l'éocène supérieur. Voir pour plus de détails les publications suivantes :

G. Vincent et A. Rutot, *Note sur l'absence du système diestien aux environs de Bruxelles et sur de nouvelles observations relatives au système laekenien* (Ann. Soc. géol. de Belgique, t. V; Liége, 1878; Mémoires, p. 56);

G. Vincent et A. Rutot, *Quelques nouvelles observations relatives au système wemmelien* (Ann. Soc. malacologique de Belgique, t. XIII; Bruxelles, 1878. Séance du 5 octobre 1878);

G. Vincent et A. Rutot, *Observations nouvelles relatives à la faune du système bruxellien et à celle de l'ancien laekenien supérieur, actuellement système wemmelien* (Ann. Soc. malacol. de Belgique, t. XIV; Bruxelles, 1879);

G. Vincent et A. Rutot, *Note sur le démembrement du système laekenien et la création du système wemmelien* (Ann. Soc. géol. du Nord, t. V; Lille, 1877, pp. 488-497);

G. Vincent et A. Rutot, *Coup d'œil sur l'état actuel d'avancement des connaissances géologiques relatives aux terrains tertiaires de la Belgique* (Ann. Soc. géolog. de Belgique, t. VI; Liége, 1879; Mémoires, p. 69).

à l'est de Bruxelles. Or, sous cette argile, le sable wemmelien, intact et fossilifère, se retrouve parfaitement en place à son niveau stratigraphique, comme sur la rive gauche.

Plus récemment encore, un autre massif de sable wemmelien intact et fossilifère a été découvert sur la même rive, au Parc royal de Saint-Gilles, au sud-est de Bruxelles; mais ici c'est la pente générale du sol, très-prononcée, qui a empêché le phénomène d'infiltration d'affecter profondément les sables calcarifères.

Les sables pliocènes scaldisiens du bassin d'Anvers présentent, nous l'avons reconnu, une coloration grise assez uniforme, lorsqu'ils ne sont pas altérés par le fait d'infiltrations superficielles. Généralement l'étage des *sables supérieurs d'Anvers* et, exceptionnellement, l'étage des *sables moyens* présentent une coloration jaunâtre ou rougeâtre, provenant uniquement de ces mêmes phénomènes d'altération et d'oxydation causés par l'infiltration des eaux pluviales dans ces dépôts meubles et très-perméables.

Chaque fois que nous avons rencontré des sédiments restés exceptionnellement gris dans l'étage supérieur, nous avons aussi constaté la présence, au-dessus de ceux-ci, d'une couche protectrice, ou d'une épaisseur de sédiments quelconques, suffisante pour empêcher l'infiltration des eaux superficielles. C'est ainsi qu'aux forts de Merxem et de Zwyndrecht, les sables quaternaires campiniens qui recouvrent les sables non altérés de l'étage supérieur contiennent un niveau argileux bien développé, faisant généralement défaut là où les sables supérieurs scaldisiens ont été altérés et jaunis.

Le diluvium quaternaire du bassin de la Seine fournit, notamment aux environs de Paris, un bon exemple des relations existant entre les altérations dues aux infiltrations pluviales et les causes de protection.

Originairement, le diluvium était partout gris et calcarifère. Sur les hautes terrasses, ainsi que sur les plateaux, où, depuis sa formation, ce dépôt est exposé sans protection aux influences météoriques, le diluvium s'est généralement altéré; il s'est oxydé, a été dépouillé de ses éléments calcaires, dissous par les eaux pluviales, et il est devenu un diluvium *rouge*.

Dans le fond des vallées, le diluvium — qu'une action mécanique ultérieure a alors transformé en alluvium à éléments remaniés — s'est trouvé protégé, non-seulement par suite de la pente du sol, mais encore à cause des dépôts limoneux ou imperméables qui le recouvrent : loess, sables gras, alluvions récentes, etc., et il est généralement resté *gris* et calcarifère, sauf en certains points superficiels, trop peu protégés.

Le rôle protecteur des argiles contre l'infiltration des eaux et l'altération des dépôts sous-jacents apparaît très-nettement marqué dans les mines de sel, par exemple.

A Wieliczka, à Stassfurt, et dans la plupart des gisements connus de sel gemme, la conservation de celui-ci est uniquement due à la présence de lits d'argile compacte, qui, empêchant l'infiltration des eaux, ont préservé d'une dissolution inévitable les amas de sel.

La présence de certaines sources salées dans l'intérieur des terres s'explique aisément par l'invasion des eaux d'infiltration dans les gisements salifères, dont le manteau argileux protecteur n'avait pas l'homogénéité ou bien la continuité nécessaire pour prévenir tout accès des eaux souterraines.

Nous verrons plus loin, en traitant des roches calcaires, que certaines d'entre elles, et particulièrement la craie, présentent parfois, en des points particuliers et très-localisés, des phénomènes d'altération ayant donné naissance aux « puits naturels », aux « orgues géologiques », etc.

Si un dépôt d'argile — ainsi qu'il en existe souvent vers la base du tertiaire — recouvre la surface de la craie, celle-ci sera protégée dans tous les points où l'épaisseur et l'imperméabilité du dépôt seront suffisantes pour s'opposer à l'infiltration des eaux venant du sol. Mais, par contre, l'énergie dissolvante des eaux météoriques se trouvera concentrée sur tous les points où l'écoulement leur permettra d'entrer en contact avec la craie. C'est ce qui arrive généralement par suite d'amincissements ou de défauts dans le manteau argileux. Au lieu d'un manteau d'altération général (argile à silex, etc.), comme cela se présente en l'absence de dépôts imperméables recouvrants, on obtient alors des points spéciaux d'altération et une sorte de localisation du phénomène. Celui-ci regagne alors en intensité, comme en profondeur dans la zone altérée, ce qu'il a perdu en étendue à la surface du dépôt crayeux.

Ces circonstances, ou d'autres analogues, expliquent les dimensions parfois considérables de certains puits naturels s'observant dans la craie ou dans les dépôts calcaires des périodes jurassique ou tertiaire.

Lorsque l'argile est glauconieuse et en même temps un peu sableuse, elle n'agit plus avec la même efficacité, ainsi que nous l'avons observé maintes fois aux environs de Bruxelles, par exemple. Sous l'influence de l'humidité et des infiltrations, la glauconie se décompose, les phénomènes d'oxydation se apparaissent, l'argile se marbre de taches ocreuses ou ferrugineuses, qui s'étendent bientôt au dépôt tout entier; peu à peu l'eau s'y infiltre en plus grande quantité et vient attaquer les roches ou les sables sous-jacents.

L'argile contient parfois une proportion assez notable de sels ferreux; lorsqu'en même temps elle est un peu marneuse ou sableuse, elle subit, au contact des eaux d'infiltration, une altération assez sensible. Elle devient alors, de bleue ou grisâtre, jaunâtre ou rougeâtre, et les éléments calcaires, les coquilles, etc., s'altèrent ou se dissolvent complétement. Nous avons observé des cas de ce genre dans les argiles et dans les marnes bleues du pliocène d'Italie, dans l'argile yprésienne des environs de Bruxelles, dans les argiles liasiques de la province de Luxembourg, etc.

Des argiles, compactes en apparence, mais un peu sableuses, peuvent, au contact des agents météoriques et surtout de l'eau atmosphérique, se transformer peu à peu en résidus meubles et, la végétation aidant, en bonnes terres végétales. Les argiles bleues glaciaires de la Suisse et de la Savoie en fournissent de nombreux exemples. Des échantillons de cette argile, transformée en terre meuble, recueillis dans le canton de Vaud, et analysés par M. E. Risler [1] ont montré l'inévitable diminution du carbonate de chaux due à l'action dissolvante des eaux du sol végétal. Le résidu sableux devient, au contraire, beaucoup plus apparent, et l'analyse chimique n'est pas nécessaire pour en vérifier la présence.

Par suite de la difficulté qu'éprouvent les eaux d'infiltration à traverser les couches argileuses et surtout les argiles pures, qui leur opposent une digue infranchissable, il y a une tension constante de ces eaux à profiter

---

[1] *Journal de la Société d'agriculture de la Suisse romande*, 1875.

des moindres amincissements ou des défauts du manteau imperméable pour s'y frayer un passage.

Dans un talus d'argile ypresienne, observé à Dilbeck, près Bruxelles, nous avons constaté le rôle curieux dévolu aux racines des arbrisseaux et des plantes comme conducteurs de l'eau d'infiltration et du phénomène d'altération.

A la surface du talus, et surtout dans les endroits exposés, l'argile se montrait un peu altérée; elle avait pris une teinte rougeâtre, résultant de l'oxydation des sels ferreux.

Dans les parties fraîchement dénudées, ayant été recouvertes par une végétation assez forte, et sous celle-ci également, l'argile était généralement intacte et d'un gris bleuâtre uniforme. Mais autour de chaque section de racine, grosse ou mince, autour de la moindre radicelle s'enfonçant dans l'argile un peu sableuse du dépôt, on remarquait une zone circulaire ocreuse et sableuse.

Cette zone se continuait invariablement au sein de l'argile, formant autour de chaque racine un manchon altéré et oxydé, d'un diamètre proportionnel à celui de la racine. Il est évident que les eaux pluviales, s'infiltrant aisément le long des racines, altéraient graduellement l'argile, en modifiaient la composition, la rendaient propre à l'alimentation végétale et à de nouvelles extensions des racines, qui à leur tour, réagissant chimiquement sur le dépôt, finissaient peu à peu par le réduire entièrement en sol végétal.

On comprend qu'après un certain laps de temps, les infiltrations successives d'une part, et l'influence de la végétation de l'autre, doivent finir par métamorphoser une argile compacte et imperméable en une terre meuble et sableuse, parfaitement perméable.

Avant de clôturer le chapitre des roches argileuses, nous aurions pu parler du limon quaternaire à un autre point de vue que celui du rôle protecteur qu'il remplit si souvent, et nous aurions pu rechercher si lui-même n'est pas sujet à certaines modifications?

Toutefois, nous croyons bien faire de reporter ces observations après le chapitre consacré aux roches calcaires; le limon étant d'ailleurs calcarifère, nous n'en pouvons convenablement entreprendre l'étude qu'après avoir exposé les phénomènes d'altération qui se passent dans les roches calcaires.

IV. — *Roches siliceuses.*

On sait que certains silex exposés à l'air se recouvrent d'une couche blanche, terne, opaque et poreuse, connue sous le nom de patine. D'autres, de translucides ou de vitreux qu'ils étaient au sein de la terre, deviennent opaques un certain temps après avoir été mis au jour. Mais là ne se borne pas l'altération du silex. Des expériences ont démontré, en dehors de toute observation géologique, que l'eau chargée d'acide carbonique a le pouvoir de dissoudre, lentement il est vrai, la silice, même non gélatineuse. On a constaté aussi que les alcalis en dissolution dans l'eau accélèrent encore ce phénomène.

Les eaux d'infiltration, et surtout celles qui ont traversé un sol végétal, doivent donc, en rencontrant des roches siliceuses ou bien les silex de la craie, par exemple, dissoudre une certaine quantité de matière siliceuse. Cela est d'ailleurs démontré par l'analyse chimique des fossiles crétacés, qui, surtout dans les zones supérieures, soumises aux infiltrations, sont généralement silicifiés. Beaucoup de foraminifères crétacés ont subi cette action de pseudomorphose bien caractérisée, n'ayant pu s'opérer qu'aux dépens des éléments siliceux dispersés dans le dépôt.

L'altération du silex, sous l'influence de l'infiltration des eaux météoriques, n'est d'ailleurs pas discutable. Nous avons souvent rencontré, et d'autres observateurs avec nous, des galets ou des fragments anguleux de silex, à moitié décomposés et effrités, épars dans des couches quaternaires, où, certainement, ils avaient été solides et résistants pendant la formation du dépôt. L'altération récente du silex s'observe surtout dans les dépôts quaternaires fortement influencés par l'action des infiltrations superficielles et très-exposés aux agents météoriques.

Au Mont-de-la-Musique, près de Renaix, nous avons vu dans le quaternaire des galets de silex intacts comme forme, mais entièrement métamorphosés en un résidu terreux, d'un blanc jaunâtre, très-léger et friable.

Ces galets se trouvaient parmi des sables profondément altérés, et rougis par oxydation d'éléments glauconieux préexistants. En certains endroits, un coup de bêche aurait pu couper nettement en deux tous les galets rencontrés; en d'autres points du même dépôt, le silex était resté intact. Parmi les galets modifiés, il s'en rencontrait parfois d'intacts, mélangés avec eux et provenant sans doute de roches différentes et plus résistantes.

Çà et là, des fragments de silex crétacé, de grande dimension, montraient clairement la marche du phénomène d'altération, qui s'effectue en partant des bords vers le centre. Un noyau dur, non altéré, se remarquait parfois au centre d'un fragment de silex ou d'un galet, dont la partie extérieure seule était devenue terreuse, blanche et friable.

Parmi les observations analogues déjà connues, nous citerons celles de M. Marchand [1], relatives aux silex enveloppés dans l'argile rouge (résidu d'altération) qui recouvre la craie du pays de Caux. Cet observateur a parfaitement reconnu le rôle des infiltrations superficielles dans la production du phénomène. Entre autres faits concluants, il a constaté que l'altération était très-profonde dans les fragments de silex se trouvant dans l'argile rouge, près de la limite d'une couche imperméable aux infiltrations souterraines et où l'eau séjournait.

La silice cristallisée, ou quartz, s'altère, comme le silex, sous l'influence des agents météoriques.

C'est ce que l'on peut vérifier dans certains filons de fer spathique, qui ont parfois pour gangue du quartz, traversant le minerai sous forme de veines blanches et translucides, ramifiées en tous sens. Lorsque l'humidité et les eaux d'infiltration ont altéré le fer spathique et l'ont transformé en hématite ou fer hydraté, les veines de quartz présentent une structure cariée très-caractéristique; elles sont devenues opaques et entièrement corrodées.

On a constaté que certains silex altérés, et changés en résidus friables, pouvaient contenir jusqu'à 10 % de matières calcaires, mélangées avec de l'oxyde ferrique, etc. Il est probable que les eaux d'infiltration, chargées de divers principes minéraux en dissolution, ont alors donné lieu à des phénomènes de pseudomorphisme, et que du calcaire, du silicate d'alumine et de l'oxyde ferrique ont pu prendre ainsi la place de la silice dissoute. C'est un

---

[1] *Annales de chimie et de physique*, 1, 1874.

phénomène du même genre, mais effectué en sens inverse, qui donne lieu à la silicification des fossiles à test calcaire. Ces cas de pseudomorphisme ne sont pas rares dans la nature; sous certaines influences on a vu du silex remplacé par du spath calcaire!

Le verdissement de certains silex, recouverts par des couches glauconieuses, landeniennes, par exemple, a également son origine dans les phénomènes de dissolution et d'altération chimique, dus à l'infiltration des eaux météoriques.

Lorsque les eaux d'infiltration rencontrent des sables siliceux très-purs, elles passent rapidement, et sans y opérer aucune réaction sensible, au travers de ces dépôts perméables et s'arrêtent à des niveaux inférieurs, où elles peuvent encore agir avec une partie de leurs forces dissolvantes et oxydantes.

Si des éléments calcaires ou des coquilles se trouvent au sein de sables siliceux, ils seront rapidement dissous par l'acide carbonique contenu dans les eaux météoriques.

Un sable siliceux primitivement fossilifère peut donc, à cause de ces phénomènes d'infiltration, être complétement privé de débris organiques. Ce résultat ne s'applique pas seulement aux dépôts sableux, affleurant actuellement à la surface du sol, résidus d'altérations récentes, mais encore à des couches marines, maintenant enfouies au sein de l'écorce terrestre, lesquelles ont pu représenter, autrefois, après leur émergence, des dépôts continentaux, soumis aux mêmes influences météoriques.

Nous croyons qu'en parcourant la série des terrains tertiaires, par exemple, il ne serait pas difficile de trouver et de définir, parmi certains niveaux de sables purs et sans fossiles, des vestiges d'anciens dépôts marins fossilifères, devenus continentaux par émergence et transformés ultérieurement en résidus siliceux purs, par suite de phénomènes d'altération identiques à ceux qui s'observent aujourd'hui à la surface de l'écorce terrestre.

On ne perdra pas de vue cependant, en faisant ces recherches, que certains dépôts meubles, quartzeux et sans fossiles peuvent avoir une autre origine et représenter, par exemple, des sables de dunes : dépôts généralement sans fossiles ni éléments calcaires.

Les sables, en général, résultent de la destruction de roches quartzeuses préexistantes; de même, une partie des dépôts quartzeux qui accompagnent, dans les failles et dans les filons, les argiles dites geyseriennes, proviennent quelquefois, ainsi que ces dernières, de l'altération et de la désagrégation sur place, par les eaux d'infiltration, des roches schisteuses, calcaires ou gréseuses, décomposées.

Ces sables et ces argiles oxydées peuvent aussi avoir été entraînés dans les failles, etc., avec les eaux superficielles, qui trouvaient dans ces fractures des conduits naturels d'écoulement et y déposaient les résidus sableux ou argileux dont elles étaient chargées. Dans nos terrains anthraxifères toutefois, un certain nombre des amas et des poches de sable que l'on y rencontre représentent les derniers vestiges, oxydés et altérés, de nappes sédimentaires tertiaires, qu'une dénudation postérieure a fait disparaître aux environs.

Le phthanite et le jaspe, roches siliceuses anhydres et à structure compacte, s'altèrent parfois très-rapidement sous l'action des eaux atmosphériques, voire même sous celle de l'air humide. Certains phthanites ont été signalés en Belgique comme s'altérant très-vite. On voit alors la roche perdre sa compacité, prendre une structure feuilletée, se décolorer, perdre sa dureté et devenir enfin meuble et friable.

La silice gélatineuse ou soluble entre parfois pour plus de 50 °/₀ dans la composition de certaines roches, comme, par exemple, dans la meule de Bracquegnies (Hainaut) où elle cimente des grains de quartz blancs et de la glauconie. Au contact des eaux d'infiltration, la silice gélatineuse se dissout, la glauconie s'oxyde; les grains quartzeux, libérés, rendent le dépôt friable, et il se colore bientôt en jaune plus ou moins rougeâtre, par suite de l'infiltration de l'oxyde ferrique résultant de la décomposition de la glauconie.

La silice soluble se retrouve dans divers terrains : dans la craie tufeau, dans les sables glauconieux de divers horizons géologiques. L'infiltration des eaux pluviales dans ces dépôts donne lieu à divers phénomènes de dissolution, de concrétionnement, etc., sur lesquels nous ne nous arrêterons pas, afin de passer directement à l'action des infiltrations sur les sables glauconieux.

On sait que la glauconie est un silicate ferreux à bases variables d'alumine, de potasse, de magnésie, etc., qui s'observe, soit disséminé en grains distincts dans les dépôts crétacés, tertiaires ou quaternaires, soit comme élément constitutif principal de certaines roches verdâtres.

Sous l'influence de l'air humide et plus particulièrement sous celle des eaux météoriques, la glauconie se décompose avec une grande facilité.

L'acide carbonique s'unit aux bases, met en liberté les éléments siliceux, et donne naissance à un carbonate ferreux qui, au contact de l'oxygène, se trouve rapidement décomposé, changé en peroxyde de fer, puis en hydrate ferrique. Celui-ci, à l'état de matière impalpable, imprègne tout le dépôt, l'agglutine souvent et lui donne finalement une coloration jaunâtre ou rougeâtre très-accentuée.

La couleur des dépôts glauconifères altérés est très-variable et se modifie, non-seulement d'après la répartition des éléments glauconieux dans le sein des sédiments, d'après leur abondance, etc., mais encore suivant les diverses phases du processus d'altération. De vert foncé qu'ils sont normalement, les grains glauconieux pâlissent et deviennent d'un vert olive pâle, qui jaunit de plus en plus à mesure que la décomposition s'accentue. Une oxydation complète les fait devenir rouges ou bruns et, à l'état final d'hydrate ferrique, le résidu qui les représente, imprégnant toute la masse du dépôt ou incrustant et agglutinant les grains quartzeux de celui-ci, est d'un jaune rougeâtre ou ocreux.

Lorsque les sables glauconieux renferment des fossiles, l'acide carbonique des eaux d'infiltration ne tarde pas à en dissoudre le test calcaire; le résidu de l'altération prend alors un aspect tout particulier.

Lorsque la glauconie forme la plus grande partie des éléments constitutifs d'un dépôt meuble et perméable, les phénomènes d'oxydation deviennent très-accentués.

Dans les terrains tertiaires de la Belgique, où la glauconie est très-abondante et où ce cas d'altération profonde s'est fréquemment présenté, les géologues ont souvent été induits en erreur et ils ont pris pour des dépôts distincts et d'âges différents les zones superficielles altérées des dépôts glauconifères sous-jacents.

C'est ainsi qu'à Anvers, par exemple, et dans toute la région environnante, le manteau mince et étendu de sables verts glauconieux sans fossiles qui, sur une surface immense, recouvre toutes les ondulations du sable glauconifère de l'étage inférieur avait été considéré comme une formation géologique distincte.

Il nous a été facile de reconnaître qu'il n'est en réalité autre chose que la partie superficielle altérée du dépôt sous-jacent. Ces sables verts représentent même, masquées sous un aspect à peu près uniforme, les zones superficielles altérées de trois dépôts différents, appartenant à l'étage des *sables inférieurs d'Anvers,* savoir : les sables à *Panopœa Menardi,* les sables à *Pectunculus pilosus* et les *sables graveleux.* Voir pour plus de détails notre Mémoire intitulé : *Esquisse géologique et paléontologique des couches pliocènes des environs d'Anvers* [1]. (Voir également la figure 2 de la planche, couches C et C'.)

L'étage des sables inférieurs d'Anvers est souvent recouvert par les dépôts meubles et perméables du « scaldisien », qui comprend nos sables moyens et supérieurs d'Anvers. Les sables « scaldisiens » intacts, c'est-à-dire non altérés par infiltration, sont *gris;* altérés, ils deviennent *jaunâtres* ou *rougeâtres.* C'est le « crag gris » et le « crag jaune » des auteurs.

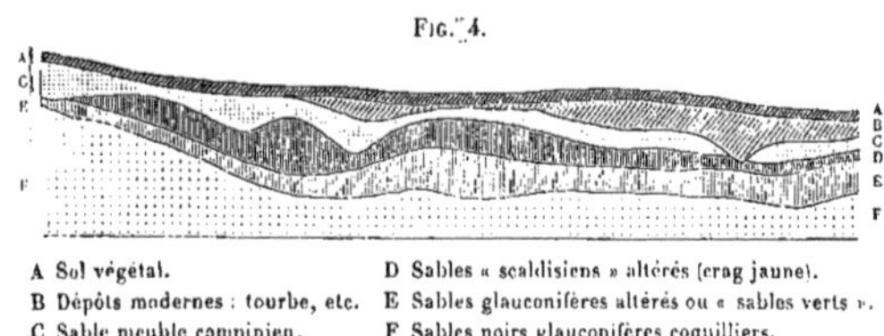

Fig. 4.

A Sol végétal.
B Dépôts modernes : tourbe, etc.
C Sable meuble campinien.
D Sables « scaldisiens » altérés (crag jaune).
E Sables glauconifères altérés ou « sables verts ».
F Sables noirs glauconifères coquilliers.

Le croquis ci-dessus reproduit les principaux éléments d'une partie de la coupe, publiée en 1862 par M. le capitaine Dejardin, et dressée suivant le fossé capital de l'enceinte, à Anvers [2]. Cette coupe, longue d'environ 14000 mètres, montrait dans toute son étendue, la présence de la zone superficielle

----

[1] *Annales de la Société malacolog. de Belgique,* t. IX, 1874, pp. 85-574. Bruxelles, 1876-78.

[2] Le capitaine DEJARDIN, *Description de deux coupes faites à travers les couches des systèmes scaldisien et diestien, ainsi que dans les couches supérieures, près de la ville d'Anvers* (BULL. DE L'ACAD. ROYALE DES SCIENCES DE BELGIQUE, 2ᵉ sér., t. XIII, 1862, p. 470).

altérée E, c'est-à-dire des « sables verts » recouvrant partout les dépôts glauconifères F sous-jacents. Cela provient du peu de protection dont ces sables glauconifères ont joui, recouverts qu'ils étaient, soit uniquement par les sables meubles et perméables du dépôt quaternaire campinien C, soit par les sédiments généralement peu épais du « scaldisien » D.

Ceux-ci, entièrement infiltrés et altérés dans toute cette région, n'ont pu arrêter les eaux météoriques, qui ont alors agi sur la zone superficielle des sables glauconifères et l'ont changée en sable vert.

Reportons-nous maintenant à la figure 2 de la planche. La coupe qu'elle représente, figurée par M. le capitaine Dejardin, est longue d'environ 17000 mètres, mais discontinue et passe par le fossé de la face principale des forts détachés d'Anvers. Nous remarquons vers la droite de cette coupe l'absence complète de la zone des sables verts.

Si l'origine que nous attribuons à la zone des sables verts est exacte, il nous faudra constater ici une cause protectrice ayant empêché les infiltrations d'atteindre en ce point à la surface du dépôt glauconifère C. Or, cette cause existe en toute évidence et consiste simplement dans l'épaisseur considérable des dépôts recouvrants du « scaldisien » B, B′ dont la partie superficielle B′ a été altérée et changée en « crag jaune » par infiltration des eaux météoriques.

Il est tout naturel, du moment que les sédiments B recouvrant les sables glauconifères C sont restés intacts et gris, que la transformation de C en sables verts C′ n'ait pu se faire, puisque l'infiltration n'a pu atteindre à ce niveau.

Le petit îlot de sables pliocènes B′ qui s'observe à gauche de la coupe, ayant été entièrement infiltré et changé en « crag jaune », n'a pu évidemment protéger, comme le massif B, B′ de droite, les sables glauconifères sous-jacents.

Les deux coupes de M. Dejardin sont intéressantes en ce sens que, publiées dans l'unique but de montrer les allures et la situation de couches considérées comme distinctes et ayant une valeur propre, elles démontrent, au contraire, la parfaite exactitude de nos vues, si différentes, faisant de ces couches : crag jaune et sables verts, de simples zones superficielles d'altération des dépôts sous-jacents.

En certains cas, les phénomènes d'altération peuvent atteindre une intensité telle que la décomposition de la glauconie donne un aspect ferrugineux aux dépôts; l'hydrate ferrique résultant de cette décomposition cimente les grains quartzeux, les fait se concrétionner et donne naissance, au sein des sables oxydés, rougis et privés de fossiles, à des incrustations, à des plaques ou grès ferrugineux et souvent à de véritables minerais de fer.

Beaucoup de minerais de fer, ainsi formés dans des dépôts de tout âge et de toute nature, ont été considérés jusqu'ici par la plupart des géologues comme étant dus à des « émissions ferrugineuses » ayant imprégné les sédiments, soit pendant le dépôt, soit après l'émersion de ceux-ci.

En diverses occasions, nous avons pu nous assurer de visu que cette intervention de sources ou d'émissions « d'eaux ferrugineuses » n'était nullement justifiée, le phénomène qui avait donné naissance aux minerais de fer n'étant autre que l'oxydation, sur place, par les eaux météoriques, de la glauconie ou des sels ferreux quelconques contenus dans la roche et parfois dans les dépôts recouvrants.

Une émission d'eaux ferrugineuses qui agglutinerait des sédiments sableux, par exemple, en les faisant se charger de minerais de fer, ne saurait avoir aucune action *dissolvante* sur les débris organiques contenus dans la roche meuble ou déjà solide; et elle n'aurait, à plus forte raison encore, aucune action *oxydante* sur les grains glauconieux du dépôt.

Les coquilles et les grains de glauconie seraient simplement empâtés, sans aucune altération, dans le magna formé par suite de l'arrivée des eaux ferrugineuses et ils s'y seraient mieux conservés que partout ailleurs dans le dépôt.

Or, dans les gisements nombreux auxquels nous faisons allusion, tous les débris organiques préexistants se trouvent représentés par de simples moules, c'est-à-dire par des cavités ayant la forme des coquilles, dont le test calcaire a immanquablement disparu par dissolution. Quant à la glauconie, elle est toujours oxydée, et a le plus souvent complétement disparu, métamorphosée qu'elle est, soit en résidu d'oxyde ferrique hydraté, agglutinant les grains quartzeux, soit en minerais de fer hydraté ou limonite, disposés en rognons, ou en plaques plus ou moins épaisses, au sein du dépôt altéré. Des émissions « d'eaux ferrugineuses », qu'elles fussent venues, soit du haut, soit du bas, auraient uniformément imprégné et noyé dans leurs apports ferrugineux, toute la masse — toujours plus ou moins localisée d'ailleurs — des sédiments affectés.

Or, très-souvent, l'on constate au sein des dépôts ferrugineux auxquels nous faisons allusion, des zones normales plus ou moins étendues et, dans les minerais eux-mêmes, des parties centrales ou noyaux intacts, meubles et non atteints. De plus, ces minerais, loin de former des bancs compactes et continus, sont souvent dispersés en rognons, montrant parfois une structure feuilletée et géodique dénotant un processus graduel, intermittent et s'effectuant de la périphérie vers le centre en des points d'attaque nombreux et localisés.

Ces zones concentriques et cette structure particulière géodique des minerais de fer sont les caractères habituels et caractéristiques des concrétionnements limoniteux dus aux phénomènes d'oxydation produits par l'infiltration des eaux météoriques.

En dernier lieu, ces minerais de fer ne représentent jamais, dans les formations où on les observe, de niveaux stratigraphiques définis; ils se présentent à diverses hauteurs. De plus, ils se montrent *constamment* distribués, soit dans des points actuels d'affleurement, soit dans des couches souterraines représentant des phases d'émersion, des dépôts saumâtres, littoraux, etc., c'est-à-dire dans des formations ayant été suivies d'une émergence, pendant laquelle les phénomènes continentaux d'altération par infiltration ont pu se produire sous l'action des agents météoriques.

La formation de minerais de fer, par oxydation sur place des éléments glauconieux de dépôts meubles, est un phénomène très-fréquent dans les couches sableuses et autres du bassin tertiaire belge, où la glauconie est généralement fort abondante.

Parfois aussi, les sables très-glauconieux altérés changent complétement d'aspect et de couleur, sans pour cela être réellement changés en minerais de fer. Des dépôts très-différents se trouvent alors réunis sous un même facies de « sables ferrugineux » et les stratigraphes n'avaient pas distingué, sous ce masque commun d'altération, les divers dépôts qu'il recouvre. C'est ainsi que nous venons encore de reconnaître, avec MM. Rutot et Vincent, qui les premiers ont éclairci ce point, que certains dépôts de glauconie ferrugineuse épars sur les hauteurs des environs de Bruxelles, de Renaix et des collines éocènes de la Flandre belge et française, loin de représenter, ainsi qu'on l'admettait généralement, des lambeaux de « sables diestiens pliocènes », ne sont autre chose que la partie supérieure, altérée et oxydée, des sables glauconifères formant le sommet de l'éocène dans ces régions.

D'autres dépôts glauconifères, comme ceux des environs de Louvain et du Bolderberg, par exemple, également rapportés, à cause de la similitude de leurs caractères lithologiques, à l'étage des sables diestiens pliocènes sont, au moins en partie, d'un âge plus récent. Certains d'entre eux devront être considérés comme quaternaires ou « scaldisiens », tandis que d'autres, parfois sous-jacents à ceux-ci et semblant au premier abord ne former avec eux qu'une seule masse, doivent en être distingués et représentent en toute évidence le sommet des sédiments oligocènes.

Parmi les sables « diestiens » quaternaires, il est possible qu'il faille encore distinguer ceux qui se rattachent positivement à cette période — par remaniement diluvien, continental, de couches glauconifères altérées éocènes, oligocènes ou pliocènes — de ceux qui, comme les sables glauconifères du Bolderberg, par exemple, paraissent représenter le résultat d'une phase de sédimentation marine effectuée pendant l'époque quaternaire?

Enfin, dans nos régions basses on trouve encore, sous la forme constante de sables glauconieux altérés et ferrugineux, outre les véritables sables pliocènes *diestiens,* des lambeaux ou massifs altérés de sables pliocènes *scaldisiens.*

On comprend aisément l'importance capitale des lumières jetées sur ces points, si obscurs et si embrouillés jusqu'ici, de la géologie de nos terrains tertiaires. L'identité d'aspect et de caractères que donnent les phénomènes d'altération à des dépôts si distincts et d'âges si différents, jointe à l'absence de fossiles comme points de repère, ne permettait pas de résoudre ces problèmes avant l'élucidation du rôle des infiltrations superficielles et des altérations auxquelles elles donnent naissance.

C'est surtout dans l'histoire de la sédimentation pliocène que les plus graves erreurs avaient été commises. On comprend que la présence de lambeaux soi-disant diestiens, épars sur les collines du Brabant et des Flandres belge et française, avait conduit les géologues à attribuer une extension considérable et tout à fait anormale de la mer pliocène vers le sud de nos plaines tertiaires. Cette extension offrait, à bien des points de vue, de sérieuses difficultés; de plus, les phénomènes d'érosion auxquels il fallait faire appel pour expliquer la localisation si restreinte des lambeaux couronnant les quelques collines isolées au milieu de l'immense étendue prétendument recouverte par ces sédiments pliocènes, ne pouvaient guère s'être effectués depuis cette période récente sans avoir donné lieu à d'autres phénomènes dont les traces eussent infailliblement dû se rencontrer dans nos régions.

D'autres hypothèses ont été formulées; par exemple, celle d'après laquelle ces lambeaux de sables glauconifères soi-disant « diestiens » ne seraient autre chose que les vestiges de l'alluvionnement d'un immense fleuve pliocène ayant passé par tous les points signalés plus haut, et ayant arraché aux couches néocomiennes du bassin anglais les éléments glauconieux apportés dans le bassin d'Anvers.

Grâce à l'étude du phénomène d'altération et des conséquences qui en découlent, toutes ces difficultés et ces hypothèses encombrantes s'évanouissent aujourd'hui.

Tout en ayant parfaitement reconnu, dans notre Esquisse géologique du bassin d'Anvers, que les sables ferrugineux de nos collines tertiaires n'étaient autre chose qu'un facies altéré et oxydé de sables glauconieux préexistants, nous avions, comme cela s'était toujours fait, rapporté tous ceux-ci indistinctement à la période pliocène.

Des observations récentes faites avec MM. Rutot et Vincent, nous permettent aujourd'hui de rectifier dans le sens voulu les passages de notre Esquisse relatifs à ce sujet, et de mettre ainsi une fois de plus en lumière les résultats incontestables que l'étude des phénomènes d'infiltration et d'altération des roches peut apporter dans les recherches stratigraphiques.

Une objection nous a été présentée comme mettant en défaut l'exactitude de nos vues sur l'origine et sur la nature du phénomène qui a agi sur certains dépôts glauconieux. Nous allons la mentionner telle qu'elle nous a été faite.

Tandis que l'examen de certains massifs de sables glauconieux altérés ou ferrugineux, — tels, par exemple, que ceux couronnant les hauteurs de Bruxelles et de Renaix, — montre des sédiments ayant été uniformément altérés et oxydés dans toute leur masse et des grains glauconieux ayant tous indistinctement subi l'action du même phénomène, d'autres couches glauconieuses, comme celle du Bolderberg et une partie de celles de Louvain, par exemple, présentent des caractères très-différents.

Ces dépôts, parfois entièrement altérés dans leurs parties supérieures, font voir plus bas un curieux mélange de glauconie, parfaitement noire et intacte, et de glauconie dont les grains ont subi divers degrés de décomposition : les uns étant verts ou jaunâtres, les autres bruns ou rougeâtres. Ces grains intacts et ceux altérés se trouvent intimement mélangés, ce qui donne lieu à une apparence toute particulière.

L'objection soulevée consiste dans la difficulté, l'impossibilité même, d'expliquer de tels effets par un phénomène d'altération dû à l'infiltration des eaux superficielles. Un dépôt soumis à cette influence montre, il est vrai, des zones d'intensités différentes dans le degré d'oxydation, mais la masse des grains glauconieux d'un point déterminé doit montrer, dans ses éléments pris isolément, une identité ou tout au moins une analogie très-grande comme aspect et comme degré d'altération.

Cette objection serait sérieuse si les phénomènes d'altération par infiltration s'étaient bornés à affecter les seuls dépôts superficiels formant *actuellement* la surface de l'écorce terrestre.

Mais par le fait même de leur essence, ces phénomènes ont dû se produire en tout temps et agir sur les dépôts superficiels successifs de cette écorce.

On doit donc admettre qu'à diverses époques certains sédiments glauconieux avaient déjà été altérés et oxydés par le fait d'infiltrations continentales, avant d'avoir été arrachés par affouillement et par dénudation aux massifs émergés aux dépens desquels ils se sont resédimentés sous les eaux de la mer.

Il en résulte alors que des dépôts intacts et des zones altérés ont pu simultanément fournir les matériaux de strates marines nouvelles. Les éléments de celles-ci se trouvaient donc *originairement* composés de grains intacts et de grains altérés.

Or, si nous revenons à nos « sables glauconieux diestiens », que remarquons-nous? C'est que ceux d'entre eux dont les grains sont uniformément altérés et oxydés dans la masse du dépôt — comme à Bruxelles et à Renaix

— représentent précisément le sommet altéré de l'éocène, soumis sans interruption aux infiltrations climatériques depuis cette période reculée jusqu'à nos jours et *restés in situ depuis leur formation.*

Ceux, au contraire, qui, comme certains dépôts glauconifères de Louvain et du Bolderberg, montrent le mélange, signalé plus haut, de grains intacts et de grains altérés, représentent précisément, d'après nous, soit des dépôts marins quaternaires, soit tout au moins des couches pliocènes très-récentes et incontestablement formées *par affouillement et aux dépens de sables glauconifères pliocènes ou oligocènes préexistants,* antérieurement émergés, et qui durent certainement être atteints en plusieurs points par les phénomènes ordinaires d'altération.

Souvent le sommet de ces dépôts a été uniformément altéré et oxydé par les phénomènes modernes et actuels d'infiltration; mais le mélange de grains altérés et de grains normaux s'observe alors plus bas, dans les parties non soumises à l'influence des agents météoriques modernes.

Non-seulement, l'objection signalée plus haut se trouve ainsi détruite, mais encore les faits sur lesquels elle est basée deviennent, au contraire, des arguments en faveur de la généralité et de l'ancienneté du phénomène d'altération par infiltration superficielle. De plus, nous y trouvons un argument en faveur de la thèse suivant laquelle nous rapportons à une période assez récente les massifs glauconieux où s'observe ce mélange de grains intacts et de grains altérés; et ces massifs, fussent-ils non quaternaires mais, comme le voudrait M. le professeur Gosselet, d'âge un peu plus ancien, c'est-à-dire « scaldisiens », le raisonnement que nous avons exposé n'en serait pas moins exact et les conclusions identiques [1].

Nous ne clôturerons pas ces considérations sur les phénomènes d'altéra-

---

[1] La découverte, récemment faite par MM. Cogels et van Ertborn, de fossiles pliocènes, ou tout au moins de vestiges déterminables, dans les grès ferrugineux diestiens du Pellenberg, ainsi que celle faite, peu après, par nous-même, d'un riche gisement de *Terebratula grandis* à la base des sables diestiens altérés du chemin de Steenrots, près Louvain, nous forcent à abandonner l'hypothèse que nous avons émise, avec M. Rutot, au sujet de l'âge « quaternaire » des sables glauconifères diestiens qui s'observent à l'est de Louvain. Ces dépôts sont bien pliocènes et représentent, suivant toute apparence, le littoral de la mer des sables moyens d'Anvers.

(Note ajoutée pendant l'impression.)

tion des dépôts glauconieux sans signaler une observation assez intéressante, que nous avons faite dernièrement à Anvers dans les travaux du Kattendyk, en compagnie de M. Rutot. Cette observation dénote un curieux cas de reconstitution des éléments glauconieux après altération et décomposition préalables.

Certains talus, découverts par les travaux, montraient, entre les dépôts pliocènes à *Trophon antiquum* et un puissant banc de tourbe quaternaire, des sables post-pliocènes renfermant un peu de calcaire et une certaine proportion de glauconie. Ces sables étaient presque partout altérés par suite d'infiltrations : les éléments calcareux avaient alors totalement disparu par dissolution, et la glauconie, décomposée et désagrégée, se trouvait répandue dans toute la masse du dépôt sous la forme d'un résidu impalpable, d'apparence argileuse et de couleur ocreuse, imprégnant la surface des grains quartzeux.

La coloration de ces sables altérés était jaunâtre ; mais en certains points, voisins du banc tourbeux et notamment autour des anciennes racines qui en descendaient, on observait un changement d'aspect et de coloration très-accentué. Le talus se trouvait alors marbré de zones vertes irrégulièrement distribuées, tantôt en masses nuageuses, tantôt en tubulures cylindriques entourant les racines tourbeuses qui traversaient les sables. Ces parties vertes avaient une apparence plus argileuse que le reste du dépôt et, au premier abord, on aurait pu croire qu'elles représentaient les vestiges d'une couche spéciale verte et plus argileuse que la masse des sables au sein desquels elles se trouvaient distribuées.

Mais un examen attentif permettait de reconnaître dans ces zones vertes le résultat naturel et purement chimique d'une action réductrice ayant reconstitué en sels ferreux l'oxyde ferrique précédemment répandu dans toute la masse du dépôt par suite de la décomposition de la glauconie. Cette action réductrice était incontestablement due à l'influence des hydrocarbures dégagés par les matières organiques du banc de tourbe recouvrant.

Ce n'est pas la première fois d'ailleurs que nous avons noté des faits de ce genre. Ainsi, dans les tranchées que l'on fait si souvent dans les rues de Bruxelles pour le service des eaux et du gaz, il est facile d'observer le même phénomène. Au voisinage des conduites de gaz placées depuis un certain temps au sein de nos sables éocènes — généralement altérés, oxydés et devenus jaunâtres dans le sous-sol de la ville — on observe que ce dépôt prend une apparence argileuse et devient vert, surtout aux environs des articulations des conduites. Il en est de même lorsque les travaux sont effectués dans un terrain où des fuites de gaz ont été constatées.

La similitude de ces zones de verdissement, ainsi formées par reconstitution des éléments glauconieux du dépôt éocène, avec la zone d'argile verte des dépôts quaternaires d'Anvers, est vraiment frappante; et, dans les deux cas, c'est bien à l'influence des hydrocarbures dégagés, ici par les gaz de la houille, là-bas par la tourbe, qu'il faut attribuer la formation de ces zones spéciales, d'origine purement chimique et dont le géologue n'aura aucun compte à tenir, du moins au point de vue de la succession et de la chronologie des terrains.

Dans les deux cas qui viennent d'être signalés, la reconstitution de la glauconie ne pouvait évidemment porter son action sur les grains glauconieux primitifs du dépôt, mais seulement sur les éléments de ceux-ci décomposés antérieurement, c'est-à-dire sur le résidu se trouvant dispersé sous forme de matières impalpables dans le sein du dépôt. Ce résidu, on le sait, fait aisément corps avec l'eau et il possède l'aspect et les propriétés d'une véritable argile. Tel est le motif par lequel le phénomène de verdissement fait réapparaître, non pas les grains glauconieux primitifs, mais un dépôt argileux verdâtre, qui n'est autre chose que la reconstitution en sels ferreux de l'oxyde ferrique imprégnant la masse des sables précédemment altérés.

L'hydrate ferrique, mis en liberté par la décomposition de la glauconie, donne encore lieu, dans certaines circonstances, à des phénomènes d'agglutination et de concrétionnement également intéressants à noter.

C'est ainsi qu'on retrouve dans la formation de l'*alios* un phénomène de concrétionnement dû à l'action des eaux superficielles d'infiltration.

On sait que l'alios est un grès quartzeux, d'un brun noirâtre, que l'on rencontre fréquemment à une minime profondeur sous le sol dans certaines plaines sableuses, comme dans les Landes, ou sous un sable caillouteux, comme dans le Médoc. Il s'observe aussi dans le sol sableux des forêts de

Fontainebleau, de Chantilly, etc., ainsi que dans d'autres localités du bassin parisien; il se retrouve également dans les plaines sablonneuses du nord de l'Europe, et même en Belgique.

L'alios est composé de grains quartzeux cimentés par des matières organiques et par un enduit limoniteux ou d'oxyde de fer hydraté, qui le rend dur et ferrugineux.

M. Faye [1] a reconnu que la formation de ce grès est due à la dissolution des matières organiques de la surface, lesquelles, s'infiltrant dans le sol avec les eaux pluviales, se concentrent, en été, lors de l'évaporation de la nappe souterraine, et se déposent à la surface de celle-ci, en cimentant les sables. L'altération, dans l'eau d'infiltration, des éléments calcaires et glauconieux, souvent contenus dans le dépôt sableux, favorise également la production du phénomène, car elle met en liberté de l'hydrate ferrique et rend l'eau calcaire, et par conséquent plus incrustante lors de l'évaporation.

On voit que si la formation de l'alios représente un phénomène assez complexe, les infiltrations superficielles y jouent le principal rôle.

Certaines roches siliceuses contiennent une forte proportion d'éléments calcaires. L'infiltration des eaux pluviales ou météoriques, chargées d'acide carbonique, produisant la dissolution de ces éléments calcaires, on obtient alors, comme résidu, une sorte de squelette siliceux, une roche poreuse, légère et spongieuse, dont certaines formes spéciales sont connues sous le nom de *silex nectique*. Cette forme particulière de silex altéré se trouve en abondance dans plusieurs régions; nous pouvons citer, par exemple, les affleurements superficiels des « fortes toises » du système crétacé moyen, en Belgique; la plaine quaternaire des environs de Lyon; diverses vallées du midi de la France, etc. Cette roche est généralement si friable qu'elle se brise au moindre choc et s'écrase sous la pression des doigts.

En Belgique, près de Tournai, on emploie comme tripoli une roche du calcaire carbonifère, provenant également de l'altération d'un calcaire siliceux, très-dur et très-compacte à l'état normal.

---

[1] *Académie des sciences*, 25 juillet 1870.

Dumont a signalé des altérations du même genre dans certains silex crétacés, recouvrant le sol des Hautes Fagnes, en Ardenne, et il fait remarquer
que la disparition du test des fossiles donne parfois à la roche une texture
celluleuse [1].

La formation des meulières est évidemment due à un phénomène du même
genre que ceux indiqués plus haut.

Ces roches, représentées dans le bassin de Paris par les meulières de la
Brie et par les meulières de la Beauce, consistent en bancs discontinus, ou en
grands rognons irréguliers, d'une roche siliceuse à structure spongieuse ou
caverneuse, noyés dans des amas d'argile impure, diversement colorée, mais
le plus souvent jaunâtre ou rougeâtre. Le tout est disposé en lits relativement
peu épais, recouvrant généralement les calcaires siliceux qui constituent les
travertins moyen et supérieur du bassin parisien.

On a parfaitement reconnu que la meulière de la Brie, par exemple, n'est
qu'un accident du calcaire siliceux, le développement de l'un de ces termes,
correspondant à un amincissement de l'autre. On a vu aussi la meulière
passer insensiblement au calcaire siliceux, et cela dans un bloc dont la surface seule était changée en meulière.

Quelques observateurs consciencieux ont reconnu que les argiles rougeâtres ou bariolées qui remplissent à moitié les vides et les cavités de la
carapace siliceuse constituant la meulière, pourraient bien représenter le
résidu argileux et oxydé de la dissolution des éléments calcaires primitivement contenus dans le calcaire siliceux.

Pour expliquer le phénomène de dissolution du calcaire, dont on aperce-
vait les traces évidentes, on a fait appel aux hypothèses ordinaires si souvent
invoquées en pareil cas. On a supposé des sources acides, des ruissellements
d'eaux acidulées, des éjections geyseriennes, et même d'immenses sources
d'acide carbonique, des eaux thermales chargées d'acide chlorhydrique,
voire même des dégagements d'acide sulfurique! Quant à l'action toute
simple, et, malgré sa lenteur, si énergique et si universelle, de l'infiltration

[1] A. Dumont, *Mémoires sur les terrains crétacé et tertiaires, etc., de la Belgique;* édités
par M. Mourlon; t. Ier, Terrain crétacé, p. 518. Bruxelles, 1878.

des eaux superficielles, personne n'a songé à la mettre en avant! Et c'est là cependant que gît le nœud de la question.

Nous ne pouvons ici nous appesantir sur ce point et cependant, nous devons faire remarquer que déjà, parmi les observations publiées, il en est qui, bien que faites sans idée préconçue, démontrent clairement les connexions existant entre la transformation du calcaire siliceux en meulière et les conditions particulières de perméabilité des dépôts recouvrants, relativement aux infiltratrations venant de la surface.

Ainsi, M. Meugy a constaté, dans une carrière de travertin supérieur, à Hondevilliers, où la roche était recouverte par des sables reposant sur un lit d'argile imperméable, que le seul point de cette excavation où pût s'observer la roche cariée, favorable à l'exploitation, se trouvait précisément au-dessous d'une grande poche de ravinement quaternaire, ayant dénudé les sables et l'argile protectrice, et atteignant le travertin. Les infiltrations superficielles, traversant aisément le limon quaternaire et arrivant au calcaire siliceux, l'avaient altéré et changé en meulière, tandis que, partout ailleurs dans la carrière, le lit d'argile imperméable formant la base des sables, avait protégé la roche, restée parfaitement intacte.

De plus, dans les carrières environnantes, observées par M. Meugy, il y avait une solidarité constante entre l'altération de la roche et l'absence du sable accompagné de l'argile imperméable sous-jacente, qui sert en même temps de digue aux infiltrations. Il y avait là une liaison constante, et les ouvriers savaient par expérience que partout où le manteau sableux recouvrant l'argile était resté intact, la pierre cariée exploitable faisait constamment défaut.

Comme confirmation du rôle des eaux superficielles d'infiltration dans l'altération des calcaires siliceux de la Brie et de la Beauce, nous ferons encore remarquer que la meulière apparaît généralement quand la roche vient affleurer à la surface des plaines, quel que soit d'ailleurs le niveau stratigraphique de la zone d'affleurement. De plus, la présence des meulières est souvent intimement liée à celle du « diluvium rouge » recouvrant; et, comme nous le verrons plus loin, cette présence du « diluvium rouge » est l'indice incontestable de phénomènes d'altération par infiltration des eaux météoriques.

Le calcaire siliceux est resté généralement intact, lorsqu'il s'est trouvé recouvert dans les profondeurs du sol par des couches imperméables ou non altérées : marnes, glaises ou diluvium gris. Dans les régions dont le sol est fracturé et disloqué par des failles, les eaux d'infiltration peuvent opérer en profondeur les mêmes effets d'altération qu'à la surface, et, il est possible, par suite de semblables circonstances, de constater en un même point une zone superficielle et un niveau profond d'altération et de formation de meulière, en même temps que des zones intermédiaires, restées parfaitement à l'abri de l'invasion des eaux.

V. — *Roches calcaires.*

Les roches calcaires sont extrêmement sensibles à l'action des agents météoriques; les altérations qu'elles subissent sont parfois si profondes que le résidu de la plupart d'entre elles devient méconnaissable.

Déjà, le simple contact de l'air suffit parfois pour modifier complétement la couleur de la roche. C'est ainsi que les calcaires auxquels une certaine quantité de matière organique donne une coloration foncée, bleuâtre ou noirâtre, pâlissent et blanchissent rapidement au voisinage des fentes et sur les surfaces exposées aux intempéries et aux infiltrations de l'eau atmosphérique. C'est le résultat d'une sorte de combustion lente — au contact de l'air ou de l'oxygène en dissolution dans les eaux météoriques — des particules foncées de carbone contenues dans la roche.

Les calcaires riches en sels ferreux prennent, au contraire, une teinte plus foncée, généralement brunâtre ou rougeâtre, par suite de la péroxydation produite au contact de l'oxygène en dissolution dans les eaux, ou contenu dans l'air atmosphérique.

Presque toutes les roches calcaires contiennent des sels ferreux, même celles qui au premier abord en paraissent dépourvues. Telles sont la plupart des roches crayeuses, les calcaires blancs compactes, etc.

Nous citerons, par exemple, les roches jurassiques de la côte d'Eza et de Menton, dont la surface devient, par oxydation des sels ferreux, entièrement rouge, mais qui, à l'intérieur, sont parfois d'une blancheur parfaite, et ne décèlent à la vue aucune trace d'éléments ferreux.

Certaines roches, fortement altérées, montrent des modifications si profondes qu'une observation superficielle aurait peine à les faire se rapporter simplement aux phénomènes d'oxydation et de dissolution produits par les agents météoriques. Il en est ainsi, par exemple, pour certains grès calcarifères, bleus ou verdâtres, du système abrien, dans la haute Belgique. La couleur brune de la roche altérée résulte de l'oxydation des sels ferreux qu'elle contient parfois en abondance; sa structure celluleuse provient de la dissolution du carbonate de chaux qui formait le test des fossiles, et enfin sa friabilité est la conséquence de l'enlèvement, par les eaux d'infiltration, du ciment calcaire unissant les grains quartzeux de la roche.

La grande solubilité du calcaire dans l'eau tenant en dissolution de l'acide carbonique est un fait bien connu, appuyé d'ailleurs par de nombreuses expériences de laboratoire. Les eaux météoriques, toujours chargées d'acide carbonique, surtout après avoir traversé un sol végétal, constituent donc, avec l'aide du temps, un puissant agent de dissolution des dépôts calcaires.

Cette action des eaux météoriques sur le carbonate de chaux se manifeste souvent d'une manière très-sensible, bien que sur une échelle restreinte, dans certaines roches schisteuses fossilifères anciennes, exposées aux intempéries ou aux infiltrations superficielles.

Les fossiles, s'ils sont calcaires, ont alors disparu par dissolution du carbonate de chaux, et il ne reste plus à leur place qu'une quantité de cavités et de moules externes pouvant, lorsqu'ils sont abondants, donner à la roche un aspect celluleux tout particulier.

Les couches devoniennes de la Belgique, très-développées dans une région où les eaux sont vives et fortement chargées d'acide carbonique, fournissent de nombreux cas de ce genre.

Certaines roches calcaires contiennent des fossiles spathisés, agathisés ou silicifiés, ce qui rend ceux-ci plus difficilement attaquables que la gangue calcaire dans laquelle ils sont contenus. Sous l'influence des intempéries et du ruissellement des eaux pluviales, la roche calcaire s'altère et, se dissolvant peu à peu, met graduellement en liberté, et bien conservés, les organismes primitivement contenus dans son sein.

Il en est de même pour certains calcaires jurassiques avec fossiles silicifiés, dont le résidu d'altération, parfois désigné sous le nom d'*argile à chailles*, constitue de riches gisements fossilifères.

Ce mode de dégagement des fossiles n'est pas rare dans les roches primaires de la Belgique, où nous l'avons bien souvent observé; il se remarque particulièrement dans le calcaire carbonifère de Tournai.

Les sels ferreux des roches calcaires altérées donnent généralement au résidu meuble résultant de l'attaque de la roche une coloration rougeâtre très-caractéristique, produite par l'oxydation de ces éléments ferreux. Cette coloration rougeâtre est très-constante dans les dépôts calcaires altérés, et ce caractère, joint à l'absence du carbonate de chaux, permet bien souvent de reconnaître à première vue l'origine des dépôts superficiels formés par altération chimique des roches du sous-sol.

Les roches calcaires de divers étages géologiques se montrent souvent recouvertes, dans les régions où elles affleurent, d'un manteau terreux, de coloration rougeâtre, tantôt argileux, tantôt sableux, dépôt d'épaisseur variable et dont les géologues ne s'expliquaient pas bien l'âge, ni le mode de formation. Parfois, au lieu d'une couche uniformément étendue sur la roche calcaire sous-jacente, on a constaté la présence de poches ou d'entonnoirs remplis de ces mêmes matières rougeâtres, et l'on a remarqué que ces cavités, souvent très-profondes, paraissaient suivre des directions déterminées.

Parmi les dépôts de ce genre, nous citerons, par exemple, ceux observés par M. Guignet [1] au milieu des roches calcaires du lias, de la grande oolithe et du forest-marbre de la Haute-Marne, et ceux mentionnés par M. A. Arcelin dans les roches jurassiques des environs de Mâcon [2].

Les mêmes phénomènes se retrouvent, bien accentués, dans les calcaires devoniens de la Belgique.

---

[1] *Comptes rendus de l'Institut,* 1869, t. LIX, p. 1028.

[2] *Les formations tertiaires et quaternaires des environs de Mâcon* (ANNALES DE L'ACAD. DE MACON. Paris, 1877).

M. G. Cotteau a fait des observations analogues dans le département de l'Yonne, sur un grand nombre de points des étages bathonien, oxfordien et corallien. Partout où ces dépôts rougeâtres ont été observés, dit M. Cotteau, la roche qui leur sert de réceptacle est abrupte et présente des traces évidentes d'érosion. Les poches, qui atteignent parfois 10 à 12 mètres de profondeur, sont remplies de sables et d'argiles rouges et contiennent du minerai de fer.

Ces dépôts meubles, oxydés, privés de carbonate de chaux et remplissant les poches de la roche calcaire corrodée, ou bien s'étendant à la surface, ne sont autre chose évidemment que le résidu de la dissolution du calcaire, par suite de l'infiltration des eaux atmosphériques chargées d'acide carbonique, agissant, soit sur toute la superficie du dépôt exposé aux agents météoriques, soit sur des parties localisées plus particulièrement exposées. L'alignement des entonnoirs, ou poches d'altération, peut provenir de la présence de failles ou de fractures constituant des zones linéaires d'attraction et d'écoulement pour les eaux d'infiltration, ou encore de la disposition particulière des dépressions du sol, influençant directement l'écoulement des eaux auxquelles sont dues les altérations de la roche.

La terre rougeâtre qui recouvre généralement les affleurements calcaires de beaucoup de contrées — et qui, sous le nom de *terra rossa*, est si bien développée dans la Carniole, par exemple — n'est autre chose que le résidu des roches calcaires sous-jacentes, infiltrées par les eaux atmosphériques.

La *latérite*, dépôt terreux rougeâtre, qui occupe de grandes étendues dans les régions tropicales de l'Inde et de l'Amérique du Sud, et qui a été observée en Chine sous des alluvions et des dépôts modernes, représente, on l'a parfaitement reconnu, le résultat de la décomposition profonde, non-seulement des roches calcaires sous-jacentes, mais encore des roches feldspathiques, schisteuses, gréseuses, etc., que l'on voit d'ailleurs insensiblement passer à l'état de latérite dans la partie supérieure. Comme l'a fait judicieusement remarquer M. de Richthofen [1], il est aisé de comprendre que les pluies abondantes et la végétation luxuriante des régions tropicales doivent singulière-

---

[1] Voir Neumayer, *Anleitung zu wissenschaftlichen Beobachtungen auf Reisen*, etc., 1875.

ment favoriser la désagrégation et la décomposition du sol : sous ces climats
si différents des nôtres, les eaux météoriques, abondantes, chaudes, très-
chargées d'acide carbonique et d'acides végétaux, attaquent rapidement et
profondément toutes les roches qu'elles rencontrent.

M. de Richthofen est absolument dans le vrai lorsqu'il dit que le remaniement, par les eaux, de dépôts analogues à la latérite et ayant la même origine,
mais entraînés ensuite dans des estuaires ou dans des mers peu profondes,
pourrait, en s'appliquant à des époques reculées de l'histoire de la terre,
servir à expliquer la formation des grès rouges triasiques et devoniens ainsi
que celle d'autres dépôts analogues.

Sir Ch. Lyell [1] faisait remarquer à ce sujet que, pour se rendre compte de
la formation de dépôts de limon et de sables rouges observés en divers
points de l'écorce terrestre, on n'avait qu'à supposer une simple désagrégation de schistes cristallins, ordinaires ou métamorphiques. A l'appui de cette
opinion, il signalait, dans la partie orientale des Grampians d'Écosse, au
nord de Forfarshire, des montagnes de gneiss, de micaschistes et de schistes
argileux qui sont recouvertes par un dépôt dérivant de la décomposition
de ces roches : ce résidu, teint par l'oxyde de fer, est précisément de la
même couleur que le vieux grès rouge des Lowlands (terres basses) du
voisinage. Il suffirait, ajoute le consciencieux observateur, que cet alluvium
fût entraîné à la mer ou dans un lac pour qu'il formât des couches de grès
ou de limon jaune absolument semblables au vieux et au nouveau grès rouge
de l'Angleterre, ou bien encore aux argiles et aux grès rouges des dépôts tertiaires de l'Auvergne.

L'absence généralement constatée de coquilles fossiles dans divers terrains anciens ou récents, riches en oxyde de fer et présentant les caractères
lithologiques caractérisques du grès rouge, est une conséquence inévitable
du mode de formation de ces dépôts : résidus altérés, oxydés et décalcifiés,
de roches calcaires, feldspathiques ou schisteuses préexistantes et ayant été
soumises pendant des périodes d'émergence aux forces destructives et dissolvantes des agents météoriques.

---

[1] LYELL, *Éléments de géologie*, 6ᵉ éd., t. II, p. 47.

8

La formation des grès, des nodules ou rognons de diverses natures disséminés dans certaines roches, celle des poudingues, etc., se rattachent très-intimement aux phénomènes d'altération par infiltration. En effet, la dissolution des éléments calcaires donne lieu à une saturation plus ou moins forte des eaux d'infiltration. En descendant dans le sein des dépôts sous-jacents, ces eaux changent donc de propriétés, et, de dissolvantes qu'elles étaient, deviennent incrustantes. Elles agglutinent et cimentent alors les sables, les galets, et les changent rapidement en grès et en poudingues.

Nous nous bornerons, sans insister davantage, à rappeler simplement ce phénomène, d'ailleurs bien connu. Il a été vérifié, non-seulement par de curieuses expériences de laboratoire [1], mais encore dans la nature. Il se reproduit même jusque dans les eaux de la mer. La formation des grès récents s'observe surtout sur les plages calcaires des régions chaudes, où l'évaporation des eaux de la mer, très-chargées de sels calcaires, étant fort rapide, l'apport continu du ciment abandonné par elles est considérable. Virlet d'Aoust [2] dit avoir constaté sur les plages sablonneuses de la Grèce la formation de grandes plaques et même de couches de grès, par l'agglutination des sables du rivage au moyen du ciment calcaire fourni par la mer.

Dans son intéressant livre, récemment publié : *Sur les causes actuelles en géologie* [3], M. Stanislas Meunier dit que « dans la mer des Antilles, par exemple, les flots sont à 32° et déposent en abondance par évaporation le calcaire qu'ils dissolvent. Celui-ci cimente le sable des grèves et donne lieu rapidement à des roches aussi dures que nos meilleures pierres de construction. Sur les côtes de l'Ascension, Darwin a trouvé un de ces calcaires dont la densité, égale à 2.63, est à peu près celle du marbre de Carrare. En plusieurs endroits de la « Côte Ferme » on exploite activement des carrières de ces pierres maritimes pour les constructions, et les excavations sont promptement remplies par de nouveaux matériaux.

---

[1] S. MEUNIER, *Les causes actuelles en géologie et spécialement dans l'histoire des terrains stratifiés.* Paris, 1879; in-8°.

[2] VIRLET D'AOUST, *Phénomènes géologiques observés dans la tranchée dans la rue de Rome*, etc. (BULL. SOC. GÉOL. DE FRANCE, 2ᵉ sér., t. XXII, p. 130, 1864).

[3] *Loc. cit.*

» Sur les rives de la Mer Rouge, les blocs de roches apportés par les torrents sont, en quelques semaines, compris dans un solide conglomérat.

» Dans les mers moins chaudes le même phénomène se reproduit encore
quelquefois, mais sur une échelle moins grande. Par exemple, sur les côtes
septentrionales de la Sicile, les eaux à 18° déposent entre les galets du littoral un ciment calcaire, qui les convertit en poudingues... Sur les côtes de la
Méditerranée elle-même, des faits analogues se produisent; des calcaires
coquilliers et sableux, de cimentation actuelle, y ont été recueillis en maintes
localités.

» Enfin, de plus en plus rare vers le nord, le phénomène a encore lieu
dans l'Atlantique et même dans la mer du Nord. »

Les eaux météoriques ou d'infiltration, chargées des sels calcaires enlevés
par dissolution aux parties superficielles de l'écorce terrestre, doivent *à for-
tiori* donner lieu aux mêmes résultats. Nous avons nous-même constaté le
long des falaises crétacées de la côte comprise entre Douvres et Folkestone,
des zones plus ou moins étendues, où la ceinture de galets qui s'étend au pied
de cette côte crayeuse se trouvait changée en un poudingue assez résistant
pour subir, sans se désagréger, les assauts furieux des tempêtes et des marées
d'équinoxe. Ces poudingues s'observaient au voisinage de filets d'eaux et de
sources sortant du bas de la falaise crayeuse; ils étaient dus par conséquent
à l'action agglutinante des eaux météoriques ou d'infiltration ayant dissous
une certaine proportion de sels calcaires pendant leur passage au travers
du massif crayeux de la falaise.

Les poudingues qui s'observent fréquemment en Belgique à la base de
certains sables glauconifères, devenus quaternaires par remaniement fluvial
de strates éocènes ou pliocènes, et que les observateurs ont jusqu'ici con-
fondus avec les dépôts diestiens, sont encore un remarquable exemple des
phénomènes d'agglutination résultant de l'infiltration des eaux superficielles.
C'est ainsi que nous avons constaté, au Mont de la Musique près Renaix
(Hainaut), une décomposition de la glauconie ayant donné lieu à la formation d'un ciment ferrugineux, qui a empâté les cailloux et galets en les
agglutinant en plaques limoniteuses. Celles-ci sont parfois devenues si dures
et si résistantes qu'elles se brisent sous le choc comme une matière homo-

gène et se divisent en fragments qui sectionnent indifféremment les cailloux de silex et le ciment qui les relie.

Presque tous les poudingues quaternaires, à ciment calcaire ou ferrugineux, qui ont été signalés dans diverses régions doivent leur origine à la même cause. Nous citerons, entre autres, ceux du delta du Var, étudié par M. de Rosemont [1], lequel a parfaitement reconnu le rôle des infiltrations dans la production de cette roche.

Il va sans dire que la même explication peut se donner pour un grand nombre de poudingues qui se sont formés dans les temps géologiques, par suite de phénomènes d'agglutination indépendants de l'influence marine et après l'émergence des galets constituant ces poudingues anciens.

Au contact des argiles, qui arrêtent les eaux d'infiltration chargées de sels ferreux et de résidus divers, il se forme souvent des niveaux de concrétionnements limoniteux ou autres, pouvant donner lieu à des erreurs d'interprétation stratigraphique.

De minces zones de limonite, devenues fragmentaires sur place par suite de modifications de pression dues aux variations de l'humidité des dépôts, paraissent parfois représenter, non un simple niveau de concrétionnement, mais des zones de roches anguleuses, analogues à celles que l'on voit à la base de certaines de nos couches glauconifères, etc.

Ce cas a été constaté par nous dans la tranchée du chemin de fer de Tongres à Saint-Trond, au second pont à l'est de la station de Looz. On y voit l'argile rupelienne surmontée des sables blancs dits « bolderiens » représentant la phase d'émersion du dépôt rupelien. Les deux couches se relient en passant de l'une à l'autre d'une manière insensible, sur une longueur d'environ 1000 mètres. La liaison est absolue, indiscutable.

Or, en certains points de la tranchée on peut, surtout à l'époque des fortes sécheresses, constater vers le haut de la masse inférieure argileuse l'existence d'un niveau de concrétions limoniteuses en petits fragments irré-

---

[1] A. DE CHAMBRUN DE ROSEMONT, *Études géologiques sur le Var et le Rhône pendant les périodes tertiaires et quaternaires*, etc. Paris, 1875. (Extr. ANN. SOC. LETTRES, SCIENCES, ETC., DES ALPES MARITIMES.)

guliers paraissant indiquer dans l'épaisseur du massif un niveau séparatif à éléments triturés et remaniés.

Dans d'autres localités du Limbourg, le même dépôt argileux rupelien est représenté par un facies un peu différent : l'argile schistoïde. Sa surface est parfois fortement altérée. On y remarque alors des niveaux de gros fragments anguleux et irréguliers d'une roche brunâtre, paraissant représenter des débris concassés et à peine roulés d'une roche limoniteuse, bien différente du dépôt argileux dans lequel ces fragments semblent empâtés.

Ce n'est qu'en brisant ces blocs, qui sont très-durs, qu'on peut reconnaître qu'ils ne sont autre chose que le résultat d'un phénomène d'altération et de concrétionnement sur place. Ils sont formés de zones limoniteuses concentriques emboîtées, ayant chacune la forme de la surface extérieure du bloc et alternant parfois avec des cavités plus ou moins régulières, affectant la même disposition.

Les angles aigus ainsi que les surfaces planes, diversement agencées, de ces blocs limoniteux résultent de la schistosité de la roche primitive.

Il est permis de croire que des cas de ce genre, observés par Dumont en d'autres points du rupelien du Limbourg, ont contribué à lui faire établir, entre l'argile rupelienne et les sables bolderiens qui les surmontent, la ligne de démarcation qu'il a admise à la base de ces sables, constituant en partie son « système bolderien ».

Outre les phénomènes secondaires d'agglutination et de concrétionnement qui résultent de l'altération des roches calcaires par suite de l'infiltration des eaux météoriques, il en est d'autres encore dont l'étude, faite avec soin, donnera lieu à des résultats importants dans leurs applications géologiques. Nous voulons parler des dépôts locaux formés au sein des roches par le filtrage des eaux superficielles chargées des résidus des dépôts calcaires, et qui, après avoir effectué leur œuvre de dissolution et d'oxydation, se rassemblent dans les fissures, les fentes et les cavités de la roche. Ces eaux chargées de résidus limoneux, argileux, ferrugineux, ou bien contenant en dissolution des sels de toute nature, donnent naissance à des dépôts terreux, argileux ou métalliques disposés en amas, en poches ou en filons suivant la forme des cavités que ces eaux rencontrent au passage et approfondissent de plus en plus.

En Belgique, les terrains anthraxifères, et notamment le calcaire carbonifère, offrent de nombreux exemples de ces dépôts, où dominent surtout les éléments argileux et ferrugineux, et dont l'origine a donné lieu à des recherches qui jusqu'aujourd'hui n'ont guère éclairci la question.

Les illustres maîtres de la géologie belge : d'Omalius et Dumont, ont défendu avec autorité et conviction l'hypothèse de l'origine geyserienne ou interne de ces argiles rouges et de ces filons métallifères; cette opinion a été adoptée par leurs successeurs.

On ne peut nier qu'en certains points, comme aux environs de Spa, par exemple, des eaux thermales, ou d'origine interne et chargées d'acide carbonique, ne donnent encore actuellement naissance à des dépôts du même genre que ceux auxquels nous faisons allusion, et il est probable que cette cause, ayant pu se présenter à plusieurs reprises, peut, dans certains cas, être invoquée à juste titre. Mais de là à accepter cette explication comme générale, il y a loin!

On notera d'abord que l'étude des phénomènes d'altération par infiltration des eaux météoriques fait retrouver dans les résidus des zones altérées toutes les substances qui s'observent dans les poches, filons et cavités de nos terrains anthraxifères : minerais de fer ou autres, argiles rouges, lithomarge, ainsi que les résidus quelconques oxydés et décalcifiés, surfaces corrodées, etc. Cela ressortira clairement de l'ensemble des observations que nous avons réunies dans le présent chapitre des roches calcaires.

Les argiles rouges, et la lithomarge en particulier — dont l'origine geyserienne parait si constamment admise pour les gisements de nos terrains anthraxifères — se retrouvent avec les mêmes caractères et avec des relations identiques dans les puits naturels de la craie, dans les poches d'altération d'autres dépôts calcaires compactes, indiscutablement exempts d'influences internes.

Nous les avons encore retrouvées parfaitement caractérisées vers la base des poches d'altération du diluvium rouge, dans le bassin de Paris, partout enfin où les eaux superficielles ont vivement attaqué et modifié des dépôts très-calcarifères.

Les eaux d'infiltration pourvues de leurs propriétés oxydantes et dissolvantes peuvent, grâce au temps, produire des effets bien plus considérables et surtout plus universels que tout autre agent d'altération. Les agents internes, au contraire, doivent, par le fait même de leur extrême localisation à la surface du globe, être relégués au dernier plan. On ne saurait d'ailleurs raisonnablement attribuer à l'action de ces agents l'universalité constatée dans la distribution des gisements d'argiles brunes ou rouges, de minerais de fer, etc., dans les filons et crevasses, ainsi qu'à la surface de toutes les roches calcaires quelconques et surtout la répartition de ces gisements dans des contrées incontestablement soustraites aux influences internes.

Lorsque des dépôts meubles, sableux et calcarifères, se trouvent soumis à l'influence de l'infiltration des eaux météoriques, les phénomènes d'altération qui en résultent présentent un intérêt tout particulier, par suite des apparences trompeuses auxquelles ces phénomènes donnent généralement lieu.

Presque toujours, dans ce cas, la zone superficielle altérée privée de fossiles et modifiée dans la plupart de ses caractères, devient méconnaissable, au point de paraître former un dépôt distinct, reposant en discordance sur la couche non altérée, qui paraît ravinée par elle.

C'est là un cas très-fréquent, sur lequel l'attention des géologues n'a guère été attirée jusqu'ici.

Nos études géologiques sur les couches tertiaires de la Belgique, riches en dépôts calcarifères sableux, nous ont fait rencontrer de nombreux cas de ce genre : cela nous a permis d'élucider divers problèmes que n'avaient pu résoudre jusqu'ici les géologues qui les avaient étudiés sans l'aide des lumières apportées par la question faisant l'objet de ce travail.

Simultanément avec ces recherches, ou plutôt peu après la publication des premiers résultats obtenus, des observations identiques aux nôtres ont été faites dans les dépôts tertiaires de l'Angleterre par plusieurs géologues ayant également compris le rôle de l'infiltration des eaux météoriques dans l'altération des dépôts superficiels. Depuis lors, les communications personnelles qui nous ont été adressées en confirmation de nos observations, et les adhésions nombreuses acquises dans ces derniers temps aux vues que nous avons exposées, montrent l'extension rapide à laquelle est appelée cette étude, ainsi que la simplification considérable qu'elle est destinée à apporter dans les recherches stratigraphiques et géogéniques.

Sans entrer ici dans des détails pouvant mieux trouver leur place dans des travaux spéciaux, nous croyons utile d'examiner rapidement ce qui se passe lorsque les dépôts superficiels ou bien ceux du sous-sol, soumis aux phénomènes d'altération par infiltration pluviale, sont meubles et calcarifères.

Grâce au pouvoir dissolvant de l'acide carbonique contenu dans les eaux atmosphériques, le carbonate de chaux du dépôt se dissout peu à peu et se trouve bientôt complétement éliminé. Les fossiles et les débris calcaires quelconques, devenant d'abord friables et tombant en bouillie sous les premières atteintes de l'eau d'infiltration, se décomposent bientôt entièrement et disparaissent, lorsque cet agent dissolvant a pu agir pendant un temps suffisamment prolongé.

La glauconie éparse dans le dépôt se décolore et verdit; si le phénomène s'accentue, elle se décompose; l'hydrate ferrique, alors mis en liberté, imprègne toute la masse du dépôt et la colore en jaune ou en rouge. Lorsque l'altération est moins avancée, les grains quartzeux mis à nu par l'enlèvement du calcaire et mélangés avec la glauconie verdie ou oxydée, donnent à l'ensemble du dépôt, privé de calcaire et humecté d'eau, une coloration verdâtre ou jaunâtre parfois très-accentuée. La surface de contact entre les zones intactes et les zones altérées, souvent ondulée, est le plus souvent irrégulièrement déchiquetée et apparaît dans les coupes sous forme de poches d'érosions et de sillons capricieux, résultats de l'inégale perméabilité des divers points du dépôt, rarement homogène dans toute sa masse. La section du terrain ainsi modifié rappelle, mais avec une évidente exagération dans les découpures, l'aspect d'une ligne de ravinement ou d'érosion mécanique (voir fig. 5 [1]). Cette circonstance, jointe à une modification profonde de l'aspect et de la coloration de la zone altérée, ainsi qu'à l'absence de débris organiques — qui s'oppose à la détermination paléontologique de l'âge du dépôt — a généralement induit en erreur les géologues qui se sont trouvés en présence de ce

---

[1] Cette figure, ainsi que celles qui suivent, ne représentent pas des coupes idéales, mais des sections de terrain, relevées pour la plupart dans les sables calcarifères de l'éocène moyen des environs de Bruxelles. Nous les avons extraites de nos carnets d'excursion, pensant qu'il était préférable, dans les considérations qui vont suivre, de ne nous occuper que des cas réellement observés par nous sur le terrain.

cas, très-fréquent d'ailleurs. Ils ont presque toujours été amenés à considérer comme dépôts distincts, d'origine et d'âge différents, les zones superficielles d'altération paraissant recouvrir en discordance les parties sous-jacentes non altérées.

Fig. 5.

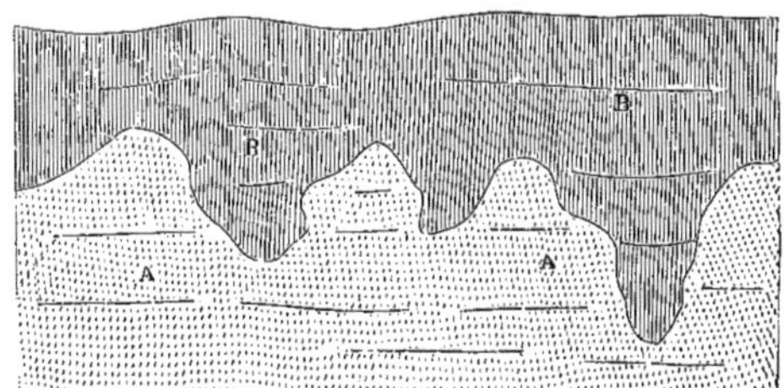

A Sable meuble calcarifère.   B Zone altérée (décalcifiée et oxydée).

Il suffira de rappeler les principaux résultats de nos recherches sur les couches du bassin tertiaire belge, pour prouver l'incontestable utilité qu'offre l'application de la thèse des altérations par infiltration à l'étude stratigraphique d'une région déterminée.

Mais auparavant, nous croyons utile d'exposer, d'une manière plus détaillée, les diverses conditions dans lesquelles peuvent se produire ces phénomènes d'altérations au sein des dépôts meubles calcarifères, d'indiquer leurs effets variés et enfin de rappeler, en les précisant, certains modes de vérification permettant de reconnaître l'existence de ces actions d'altération et de métamorphisme hydro-chimique.

Nous avons dit précédemment que l'infiltration des eaux superficielles, chargées d'oxygène et d'acide carbonique, donne lieu à une double action dissolvante et oxydante agissant, l'une sur le carbonate de chaux contenu dans les sédiments infiltrés, l'autre sur les sels ferreux, glauconieux ou autres, qui s'y trouvent disséminés ou à l'état de combinaison.

Le dépôt, privé de fossiles et se présentant avec une coloration et un facies très-différents de l'état normal, devient alors méconnaissable.

Mais, outre ces modifications capitales, les altérations qui se produisent

9

dans les dépôts meubles donnent encore lieu à des phénomènes secondaires, dont il convient d'étudier les principaux caractères.

L'enlèvement du carbonate de chaux, dans les dépôts fortement calcarifères, produit une diminution parfois notable dans le volume du dépôt altéré, et donne lieu à des tassements du résidu quartzeux imprégné d'eau ou d'humidité. Si des tables ou bancs continus de grès rencontrent des poches d'altération de certaine étendue, comme cela arrive parfois dans l'éocène moyen des environs de Bruxelles, on constate, surtout lorsque l'altération n'est pas très-intense, que le tassement des sables produit la rupture des bancs de grès superposés et suspendus dans la poche d'altération : ils apparaissent disloqués, brisés en fragments formant des guirlandes abaissées au sein de la poche, comme le montre le dessin ci-dessous (fig. 6), reproduisant une coupe dans les sables bruxelliens, observée par **M. A. Rutot** dans la tranchée du chemin de fer de Luttre.

Fig. 6.

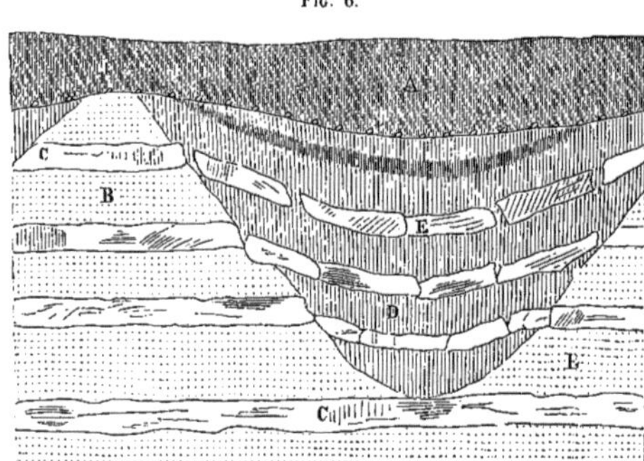

A Dépôt quaternaire altéré.   B Sable meuble calcarifère bruxellien.
C Bancs continus de grès durs.   D Sable bruxellien altéré et décalcifié.
E Parties brisées et affaissées des bancs de grès.

Lorsque l'altération est suffisamment intense, les grès rencontrés par les poches d'altération sont corrodés et s'effritent sous la pression des doigts, par suite de la dissolution du ciment calcaire unissant les grains quartzeux. Lorsque les grès sont très-calcarifères, le ciment se dissout complétement, les sels ferreux et la glauconie s'oxydent, se changent en résidus ferriques et les grès se transforment en trainées de sable oxydé et rougeâtre, qui se tassent parfois comme de véritables guirlandes superposées, allant se raccorder aux parties intactes des bancs gréseux qui s'observent des deux côtés de la poche.

La coupe ci-dessous (fig. 7) représente des poches d'altération pénétrant les sédiments laekeniens, avec grès calcaires tendres; ces poches s'observaient, il y a un an encore, dans les coupes de la plaine de Tenbosch, à Bruxelles (Quartier-Louise).

Fig. 7.

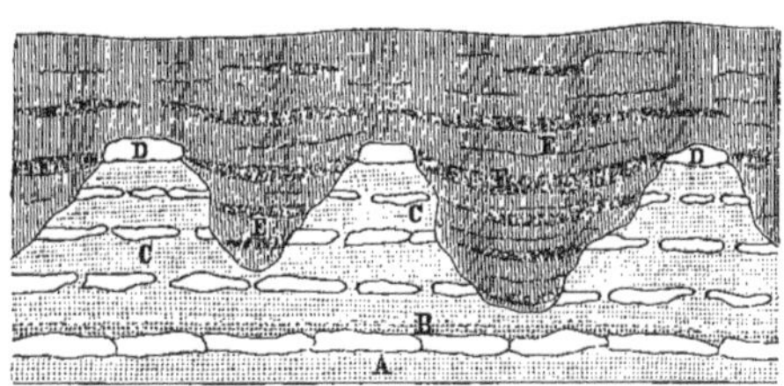

A Sable calcareux bruxellien.   B Gravier base du laekenien.
C Sable calcareux laekenien.   D Grès calcarifères laekeniens.
E Sable laekenien altéré.   F Zones ocreuses disposées en guirlandes se rattachant aux bancs de grès.

Cette coupe montre trois vestiges restés intacts d'un gros banc de grès D, dont le résidu meuble et rougeâtre F se continue nettement visible au travers des poches altérées.

Les fragments de grès plus ou moins désagrégés que l'on voit souvent dans les poches d'altération des sables éocènes des environs de Bruxelles, et qui sont les derniers vestiges sur place des bancs altérés et à moitié dissous, avaient été jusqu'ici considérés comme des fragments de roches triturées et remaniées; on les croyait apportés par les prétendus phénomènes d'érosion et de ravinement invoqués pour expliquer les apparences produites par ces phénomènes purement chimiques.

Les nombreuses poches d'altération qui s'observent dans les dépôts de notre éocène moyen rencontrent presque toujours des lits superposés de nodules de grès calcareux ou parfois siliceux.

Les grès siliceux, que l'on trouve dans l'étage inférieur bruxellien, sont généralement peu atteints par les phénomènes d'altération : le plus souvent on les voit traverser, sans modification aucune, les poches de sable altéré; dans ce cas l'hypothèse d'un ravinement des dépôts ne saurait même se présenter à l'esprit de l'observateur attentif.

La coupe ci-dessous (fig. 8) représente une poche d'altération, observée à Saint-Josse-ten-Noode (Bruxelles) et affectant à la fois les sables bruxelliens calcarifères A avec grès calcaires C et la zone de passage de ces sédiments aux sables quartzeux E avec grès silicifiés G.

Ceux-ci, représentés dans le bas de la coupe, ont été peu atteints par le phénomène d'altération, qui a provoqué la dissolution complète des grès supérieurs, à ciment calcaire.

FIG. 8.

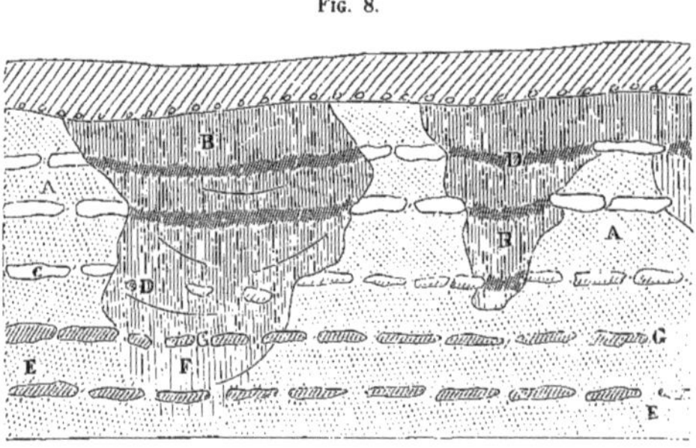

A Sable bruxellien calcareux.   B Zone altérée du même.
C Grès calcarifères bruxelliens.   D Résidus altérés des mêmes.
E Sable siliceux bruxellien.   F Zone infiltrée du même.
G Grès siliceux bruxelliens.

Dans l'étage calcareux ou supérieur du système bruxellien, les bancs de grès deviennent, vers le haut, de plus en plus calcaires. Dans les poches altérées de peu d'étendue, ils traversent la zone modifiée en s'effritant ou en se dissolvant en partie; dans les poches de plus grandes dimensions et profondément altérées, les grès calcareux se transforment entièrement en guirlandes meubles de sable rouge ou jaunâtre, fortement oxydées et formant parfois très-visiblement la continuation des bancs intacts des parties latérales, non altérées, du dépôt calcarifère. Nous donnons, comme exemple, la coupe ci-dessous (fig. 9), qui a été prise dans les sables calcarifères bruxelliens de Saint-Gilles-lez-Bruxelles.

Fig. 9.

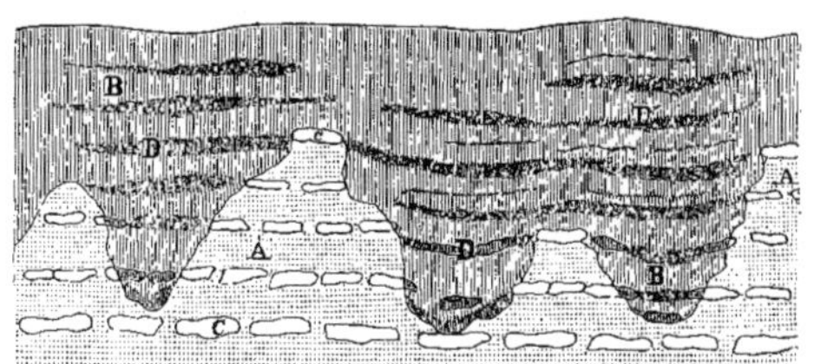

A Sable bruxellien calcareux.   B Zone altérée du même.
C Grès calcarifères bruxelliens.   D Grès effrités et décomposés.
D' Résidus sableux et oxydés des mêmes, complétement altérés.

On ne doit pas s'étonner de voir des bancs de grès parfois très-durs changés en résidus meubles et sans cohérence, sous l'action prolongée des eaux d'infiltration.

Il suffit, en effet, de se rappeler la rapidité avec laquelle le fer, ce corps si dur et si résistant, se trouve transformé en rouille lorsqu'il se trouve exposé pendant un certain temps aux intempéries. Le phénomène d'oxydation est le même dans les deux cas.

Parfois, au milieu d'une poche de sable altéré, on observe des îlots, des colonnes ou des massifs de formes variées, restés calcarifères et non altérés. Il suffit d'un grès légèrement silicifié ou plus dur, d'un petit lit ou amas argileux perdu dans les sables, ou de quelque autre cause analogue, pour protéger pendant un certain temps, contre les infiltrations et contre le phénomène d'altération qui en résulte, les sables calcarifères sous-jacents. C'est un cas que nous avons observé bien souvent.

Dans la figure 10, ci-contre, nous reproduisons l'aspect exact d'une partie de coupe observée près de la rue Defacqz, à Saint-Gilles. On y voit un fragment de grès très-dur a qui, ayant résisté, a visiblement protégé, contre les infiltrations venant du haut, la masse sous-jacente b des sables laekeniens calcarifères. A droite et à gauche, mais un peu plus bas, d'autres vestiges de bancs gréseux ont résisté par places et ont alors chaque fois protégé les parties sous-jacentes du dépôt calcarifère.

FIG. 10.

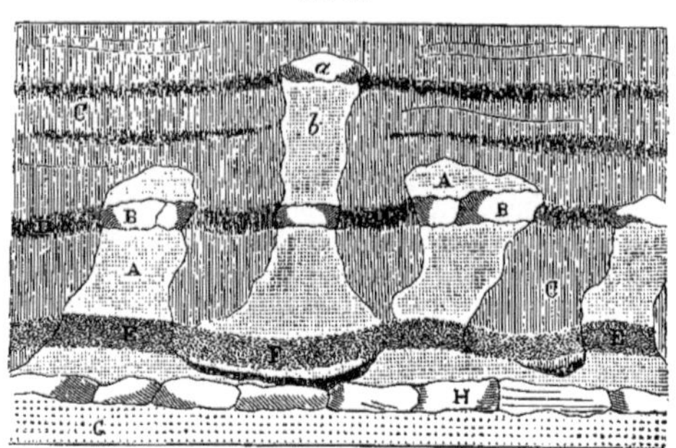

A et B Sables et grès laekeniens, calcarifères et normaux.
C et D Les mêmes, altérés (décalcifiés et oxydés).
E et F Zone graveleuse vers la base du laekenien.
G et H Sables et grès bruxelliens (non atteints).

Les poches d'altération du laekenien s'arrêtent assez souvent, lorsqu'elles sont profondes, sur la surface du premier banc de grès, toujours très-dur et très-résistant, de l'étage bruxellien. Le gravier de la base du laekenien, qui repose au-dessus de ce grès, paraît alors remplir le fond des poches, et c'est même cette circonstance qui, dans une certaine mesure, a le plus contribué à faire admettre l'hypothèse de véritables poches de dénudation, etc.

(Voir la figure 10 ci-dessus, ainsi que la figure 4 de la planche.)

Pour en revenir aux diverses espèces de grès des dépôts éocènes des environs de Bruxelles, nous ajouterons que, dans le laekenien inférieur, les grès sont tendres, friables et très-calcarifères. Aussi, les trouve-t-on toujours complétement métamorphosés en guirlandes de sables meubles et rougeâtres, lorsqu'ils traversent des poches d'altération ayant changé les sables calcarifères laekeniens en sables verts sans fossiles. Jamais nous n'avons vu les grès laekeniens passer intacts au sein d'une poche d'altération, si minime qu'elle fût.

La figure 3 de la planche, représentant une coupe observée pendant les travaux de déblayement de la plaine de Tenbosch (Quartier-Louise), près Bruxelles, montre un remarquable exemple de continuité des bancs de grès laekeniens, sous forme de guirlandes sableuses curieusement reliées dans une série de poches contiguës.

La coupe ci-dessous (fig. 11) représente une poche d'altération, observée rue Lesbroussart, à Ixelles, affectant à la fois les sables calcarifères des systèmes bruxellien et laekenien, ainsi que le gravier séparatif, base de ce dernier système.

Fig. 11.

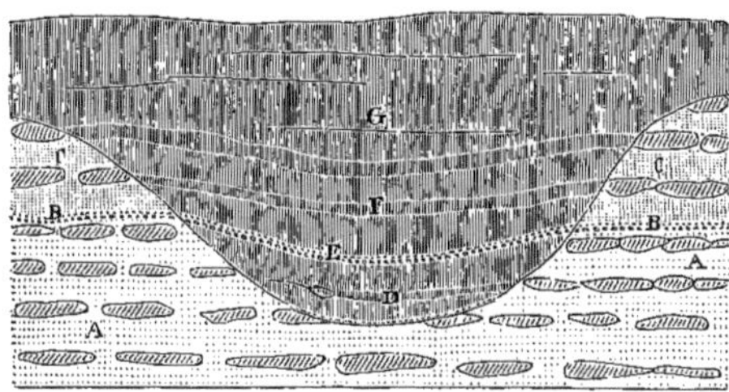

A Sables et grès bruxelliens.
C Sables et grès laekeniens.
E Gravier traversant la poche d'altération.
B Gravier base du laekenien.
D Sables et grès altérés du bruxellien.
F, G Laekenien altéré.

Les lits de galets, les bancs de graviers, les couches de fossiles plus ou moins silicifiés (comme certaines nummulites de nos dépôts éocènes), en un mot, tout ce qui n'est pas composé d'éléments calcaires ou aisément solubles, traverse complétement les poches d'altération, ou bien encore se trouve à son niveau stratigraphique spécial, lorsque l'altération, au lieu d'être localisée, s'est étendue au dépôt tout entier.

Si, en ce qui concerne Bruxelles, par exemple, les géologues avaient songé à faire ces observations si simples, ils n'auraient pas persisté à croire que les poches d'altération représentaient un niveau de ravinement et d'érosion mécanique.

Ce n'est d'ailleurs pas seulement dans l'éocène belge que cette méprise a été faite. Ce qui a principalement porté les observateurs de diverses contrées à supposer des effets d'érosion et de ravinement — là où il n'y a que des phénomènes d'altération chimique, opérés sur place — c'est la netteté de la ligne de démarcation qui paraît exister entre les parties intactes et les parties altérées d'un même dépôt.

Lorsqu'on examine attentivement, et surtout à la loupe, cette ligne de séparation, elle apparaît beaucoup moins nette qu'on ne se l'était imaginé; on remarque aisément aussi qu'elle est due, non-seulement aux modifications subies par les éléments constitutifs du dépôt, mais encore à la présence de l'eau qui imprègne, en quantité plus ou moins grande, les sables altérés, et qui, en l'absence des éléments calcaires dissous, donne à ces sables un aspect tout particulier, qu'ils perdent en partie à l'état de siccité.

On peut s'assurer aisément, sauf peut-être en été, pendant les fortes chaleurs, de la présence de l'eau dans les poches d'altération.

Pour cela, il suffit de recueillir et de faire soigneusement sécher un échantillon recueilli à l'intérieur d'une poche. En le comparant alors avec le même sable observé sur place et à l'état frais, on verra immanquablement un changement d'aspect et de couleur, très-sensible, qui ne s'effectue pas lorsqu'on opère sur des échantillons calcarifères, intacts et non imprégnés d'eau d'infiltration.

Des couches d'hydrate ferrique, de limon ou d'argile rougeâtre ou brunâtre — parfois très-compacte et très-pure — tapissent généralement les parois ainsi que le fond des poches, surtout lorsqu'elles pénètrent dans des sables très-fins ou dans des dépôts difficilement perméables. Ces dépôts sont le résidu de la décomposition des sels ferreux contenus dans la glauconie et dans le calcaire du dépôt, résidu qui, s'infiltrant d'abord avec les eaux, se trouve ensuite arrêté dans les points les moins perméables, que l'eau seule peut traverser.

Certaines poches d'altération des sables éocènes des environs de Bruxelles montrent très-visiblement leurs agrandissements successifs, marqués par des concrétionnements limoniteux ou par des revêtements d'argile rougeâtre.

La figure 4 de la planche représente, à l'échelle du $\frac{1}{200}$, des poches d'altération fort curieuses, observées rue Defacqz, à Saint-Gilles. Ces poches affectent ici les sables et les grès calcarifères laekeniens; et trois au moins d'entre elles montrent nettement, en dehors des zones brunâtres meubles, qui sont la continuation des bancs de grès, désagrégés et dissous, des lignes disposées en fonds de chaudron emboîtés les uns dans les autres, et constituées par des zones de concrétionnement limoniteux x. Ces zones, qui représentent les vestiges d'anciens fonds de poches, diffèrent souvent, par leur cohérence et par les dépôts limoniteux ou argileux qui les constituent, de celles indiquant la dissolution de bancs de grès.

Lorsque les sables altérés sont très-glauconieux, il arrive souvent que les apparences produites par les agrandissements successifs des poches d'altération, voire même par leur rencontre, sont des plus curieuses.

Non-seulement les lignes primitives de stratification du dépôt disparaissent complétement, comme dans toutes les poches d'altération, mais de plus l'agglutination des grains quartzeux par le résidu provenant de la décomposition de la glauconie, donne lieu, par approfondissement graduel des poches, à une succession plus ou moins régulière de zones oxydées ou limoniteuses. Ces zones sont parfois transformées en grès plus ou moins durs, marquant les diverses étapes du phénomène d'infiltration et d'agrandissement des poches.

Les caractères sédimentaires présentent alors un aspect entièrement méconnaissable, comme le montre la figure 12, représentant une coupe que nous avons relevée au sommet du Bolderberg, dans les sables glauconifères altérés du talus droit du chemin traversant le flanc N.-O. de la colline.

Fig. 12.

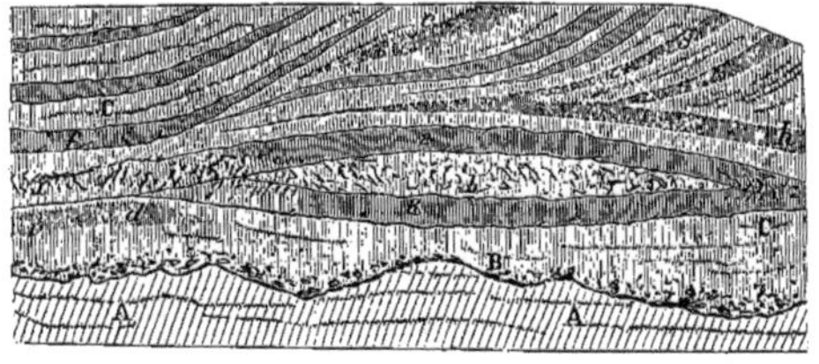

A Sable siliceux pur, oligocène (bolderien de Dumont).
B Cailloux, base du dépôt glauconifère « diestien ».
C, a, b, c Sable glauconifère légèrement altéré, verdâtre.
d, e, f Sable altéré, agglutiné en grès ferrugineux, rougeâtre.
g, h, i Sable altéré, à moitié concrétionné, jaunâtre.
x, z Continuation du banc d'annélides au travers des grès.

10

Au-dessus des sables oligocènes A, désignés par Dumont sous le nom de bolderiens, on voit un lit B de cailloux de silex noirs, formant la base du dépôt glauconifère C, considéré comme diestien et pliocène par Dumont.

Ce dépôt glauconifère est entièrement altéré en ce point et changé en sables jaunâtres ou rougeâtres, oxydés et décalcifiés, agglutinés en certains points, meubles en d'autres. En a, b, c, par exemple, ces sables sont restés meubles et d'un jaune olivâtre, passant au jaune rougeâtre. En g, h, i, les sables sont plus fortement oxydés, ils sont rougeâtres et légèrement agglutinés.

Enfin, en d, e, f, ils sont transformés en grès rouges foncés, limoniteux et parfois très-durs.

Il est facile de s'assurer, par l'observation, que ces zones de concrétionnement, plus ou moins accentuées, n'ont, malgré les apparences contraires, aucun rapport avec les lignes de stratification du dépôt.

D'ailleurs, la preuve évidente en est fournie par le prolongement horizontal — reconnaissable avec quelque attention — au travers des bancs durcis x et z, de la couche de tubulations d'annélides nettement visible entre d et e, en une zone où les sables, quoique altérés et oxydés, ont conservé, sinon leur couleur, du moins leur aspect primitif.

La figure 13, ci-dessous, représentant une coupe prise dans le même chemin, mais à gauche et plus au S.-E., montre d'une manière plus frappante encore, non-seulement les zones successives d'accroissement des poches d'infiltrations, mais encore leur pénétration mutuelle et leur réunion en une seule zone d'altération, paraissant, au premier abord, présenter une stratification oblique et croisée toute particulière.

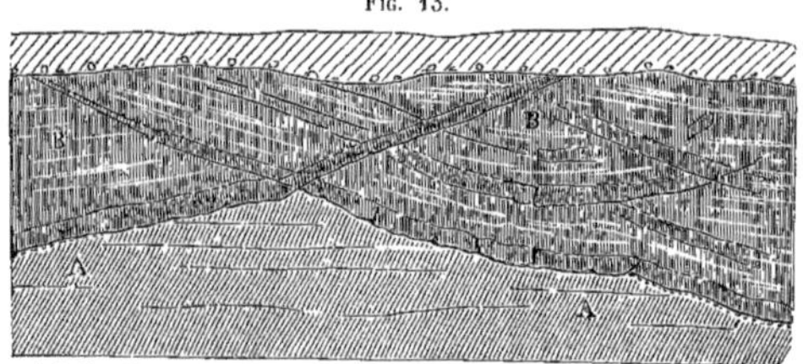

FIG. 13.

A Sable siliceux oligocène (bolderien de Dumont).
B Sable glauconifère « diestien » altéré, montrant de fausses lignes stratifiées, résultant du croisement des poches.

A Louvain, sur les talus de la route de Malines, nous avons noté des apparences analogues dans un dépôt diestien que nous identifions à celui du Bolderberg, et qui montre aussi des poches d'altération de dimensions telles, que l'observateur non prévenu, voyant dans les zones de concrétionnement des lignes de stratification, se trouverait exposé à devoir admettre des *plongements de couches* en sens différents, suivant qu'il observerait l'une ou l'autre extrémité de ces poches.

Dans les sables glauconifères diestiens de cette même route de Malines, nous avons encore noté des apparences de stratification croisée (voir fig. 14), très-accentuées. Cet aspect, résultant de la pénétration de zones d'altérations voisines, avec lignes d'accroissements successifs, se présente parfois aussi dans les grès ferrugineux résultant d'une altération plus profonde, et les bancs ainsi disposés paraissent alors en discordance de stratification.

Fig. 14.

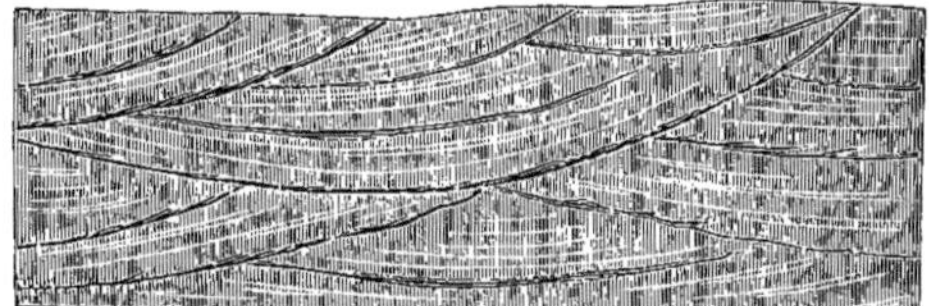

Fausses « stratifications croisées » produites par altération sur place dans les sables
glauconifères diestiens, à Louvain.

L'allure et les dimensions des poches d'altération sont très-variables. Dans les dépôts meubles et perméables, elles se relient généralement vers le haut en une zone superficielle plus ou moins épaisse, projetant vers le bas des expansions irrégulières et curieusement tourmentées.

Nous donnerons comme exemple une minime fraction de la coupe du chemin de fer de ceinture de Paris, entre la route d'Italie et la route de Choisy, publiée par M. Belgrand dans son beau livre : *La Seine.*

Cette coupe (fig. 15) représente le calcaire grossier moyen, dont la partie supérieure, couverte probablement d'un mince dépôt quaternaire et d'une certaine épaisseur de terrain détritique, a été affectée par les phénomènes d'altération et convertie en un résidu décalcifié et oxydé rougeâtre, dont toute la masse a été considérée à tort par **M.** Belgrand comme un terrain de transport quaternaire.

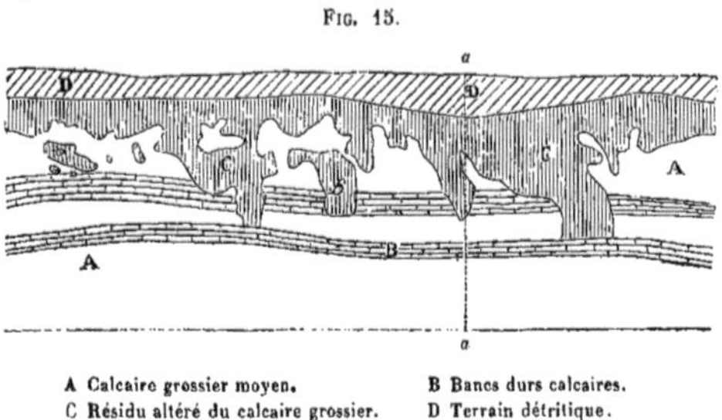

Fig. 15.

A Calcaire grossier moyen.   B Bancs durs calcaires.
C Résidu altéré du calcaire grossier.   D Terrain détritique.
b, c Poches isolées de sédiments altérés.

On remarque, vers la droite de cette coupe, une grande poche d'altération arrêtée net sur la surface plus résistante de l'un des deux bancs durs, dont le supérieur, sans doute plus tendre, a été traversé et dissous en divers points.

La figure 5 de la planche montre une autre partie de la même coupe, où l'allure des poches d'altération est plus étrange encore ; c'est un fort bel exemple des formes variées et extraordinaires que peuvent affecter les poches d'altération dans les dépôts calcaires.

Ces bizarreries dans la forme des poches d'altération se remarquent surtout dans les dépôts compactes et difficilement perméables, où les eaux d'infiltration profitent des moindres fissures, des joints de stratification ainsi que des points de faible résistance pour pénétrer irrégulièrement au sein du dépôt, dans des directions souvent différentes de celles indiquées par les lois de la pesanteur.

Dans les couches meubles et perméables de nos terrains tertiaires, les poches d'altération ont, en général, une allure plus régulière. Les sinuosités et les différences d'étendue ou de profondeur qu'elles présentent proviennent des différences de porosité, de la disposition des points locaux où a commencé l'infiltration, des inégalités de résistance des sédiments, variables dans leurs proportions de calcaire, d'argile ou de silice.

Lorsque enfin les zones infiltrées traversent des dépôts meubles avec lits ou rognons de grès, ceux-ci, suivant leur nombre, leur disposition, leur dureté, la nature de leur ciment, tantôt calcaire, tantôt siliceux, ont une grande influence sur le développement et la forme des poches d'altération.

C'est ainsi que la disparition complète des grès tendres et à ciment calcaire donne aux zones altérées une apparence trompeuse de poches de dénudation; la résistance des grès plus durs influe fortement sur la forme des poches, et l'intégrité des rognons de grès siliceux montre clairement que l'origine du phénomène est purement chimique, et n'a aucun rapport avec une action dénudatrice.

On ne saurait mieux comparer la disposition irrégulière des poches d'altération dans nos sables éocènes avec grès calcarifères qu'à celle offerte par les traces d'humidité dont sont atteints certains murs en briques. Les mêmes causes produisent d'ailleurs les mêmes effets. Un mur formé de briques ou d'éléments semblables reliés par du ciment paraît devoir constituer un conducteur, homogène dans son ensemble, des eaux pluviales infiltrées, d'où provient l'humidité du mur. Or, cette humidité, ou zone d'infiltration, ne se présente jamais délimitée vers le bas par un trait horizontal ou régulier. Elle s'étale et se délimite en arabesques capricieuses, singulièrement contournées, rappelant en tout point l'aspect de nos zones altérées et montrant que le phénomène d'infiltration subit très-sensiblement l'influence de causes accélératrices ou retardatrices échappant à l'observation, mais facilement compréhensibles.

La disposition oblique, souvent constatée dans les poches d'altération, donne lieu à certains cas qui, au premier abord, ne paraissent guère explicables.

Ainsi la figure 15, extraite de la coupe de calcaire grossier, donnée par M. Belgrand, montre, sous une zone continue et irrégulière d'altération, des ilots altérés, dispersés au milieu de la masse du dépôt normal. Cet isolement ne semble pas pouvoir se concilier avec l'idée d'une altération par infiltration de haut en bas; mais, en réalité, rien n'est plus simple.

Supposons une section faite en *aa* traversant le terrain perpendiculairement à la coupe figurée. Qu'y verrons-nous? Une surface exhibant une tache d'altération séparée du sommet altéré du dépôt par une zone intacte, c'est-à-dire ayant la même apparence qu'en *b* et *c*. Le diagramme ci-dessous (fig. 16) permettra de se rendre clairement compte de cette disposition particulière.

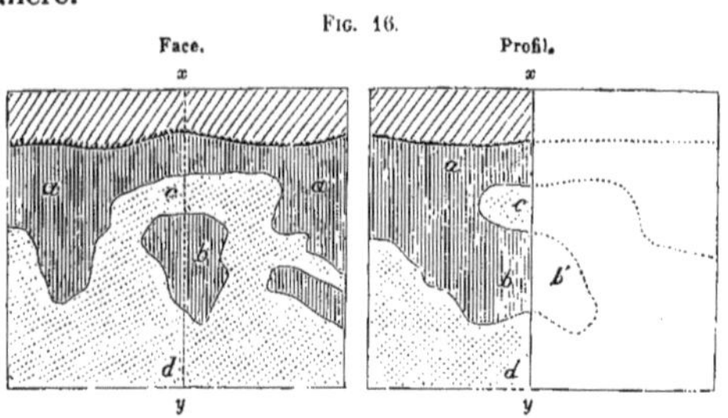

a Zone supérieure d'altération des sédiments *c, d.*
b, b' Îlot de sable altéré paraissant, vu de face, séparé de la zone supérieure d'altération.

Le dessin de face de la figure 16 représente un talus vertical exhibant, sous la zone superficielle d'altération *aa*, un îlot isolé *b* de sédiments altérés. Une section verticale faite en *xy*, perpendiculairement à la surface du talus, montrerait de profil la disposition indiquée par le dessin de droite, et le prétendu isolement de *b* dans la masse sédimentaire normale du dépôt se trouve ainsi aisément expliqué.

Le contournement et l'obliquité des poches d'altération n'est pas la seule cause de l'isolement apparent de sédiments altérés sur la surface des talus. Un talus incliné, coupant obliquement une poche verticale, peut produire le même effet, ainsi que le montre la figure 17 ci-dessous.

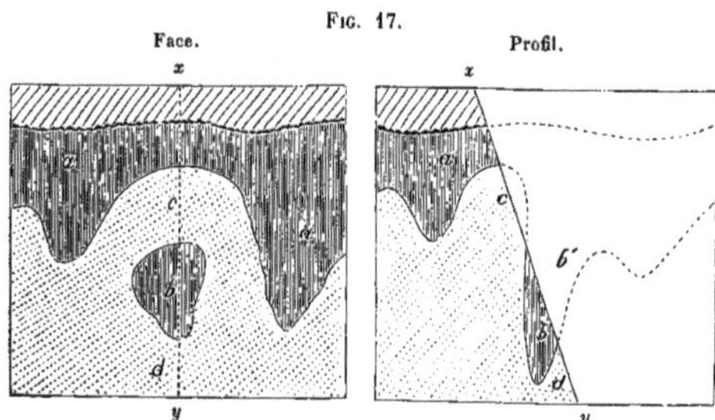

Les lettres ont la même signification que dans la figure précédente.

La gauche de cette figure représente un talus incliné montrant, isolé sous la zone altérée *aa*, une tache d'altération *b*.

Une section faite en *xy*, comme plus haut, montre que la poche d'altération verticale *bb′* peut, aussi bien que la poche oblique *b* de la figure précédente, donner lieu aux apparences dont nous nous occupons.

Lorsque les zones d'altération, au lieu de former des poches cylindriques ou coniques, pénètrent obliquement, sous forme de coins plus ou moins étendus, dans la masse du dépôt, les sections de celui-ci peuvent exhiber, au lieu de taches, des zones linéaires de sédiments altérés, paraissant isolées au milieu de sables intacts.

C'est ce que nous avons essayé de représenter par le diagramme (fig. 18) ci-dessous.

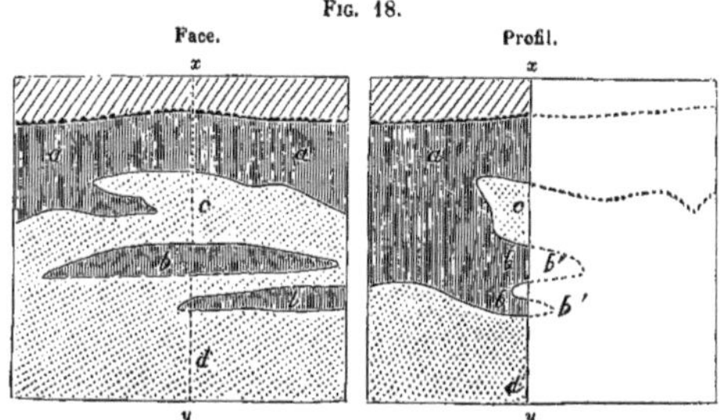

Fig. 18.

Les lettres ont la même signification que dans les deux figures précédentes.

Dans cette figure, les îlots *bb* sont représentés sur la surface du talus par des zones minces et allongées qui, au premier abord, paraissent constituer, avec les sables intacts, une inexplicable alternance sédimentaire de couches normales et de couches altérées, incompatible avec la thèse de l'altération par infiltration. Mais la section verticale, faite en *xy*, montrerait, de profil, dans les zones *b*, *b′* les extrémités amincies d'une poche étendue, pénétrant obliquement et en forme de coin, au milieu des sables calcarifères.

Dans les cas représentés dans les figures 16 et 18, il suffirait de creuser le talus pour constater le raccordement des massifs isolés à la masse altérée supérieure; mais il va de soi que dans la figure 17, il serait impossible de constater ce raccordement, parce qu'il s'effectuerait dans la partie déblayée du talus.

Il en serait de même d'ailleurs pour les figures 16 et 18, dans le cas où, par une transposition facile à concevoir, la partie de droite des deux profils représenterait, non le massif enlevé, mais la partie encore existante des talus. La section des talus observés serait la même, mais les taches altérés b' paraitraient alors — comme l'îlot b dans la figure 17 — entièrement isolées au milieu des sédiments normaux.

Bien que les détails qui précèdent, signalant quelques-uns des phénomènes secondaires constatés dans les poches d'altération, soient généralement basés sur des observations locales faites dans les dépôts éocènes du bassin tertiaire belge, et spécialement aux environs de Bruxelles, nous avons cru utile de les exposer, à cause du jour qu'ils sont appelés à jeter sur les faits du même genre qui ne peuvent manquer d'être observés dans une quantité d'autres dépôts analogues.

C'est par le même motif également, et surtout à cause de la curieuse similitude d'aspect qui existe si souvent entre les coupes de terrain montrant des poches d'altération, et celles présentant des phénomènes réels d'érosion et de ravinement, que nous allons exposer rapidement une série de remarques et d'expériences que nous avons faites dans les dépôts éocènes des environs de Bruxelles. Nous les présenterons sous une formule générale et nous allons ainsi faire connaître comment, avec un peu d'attention, on parvient sans difficulté à savoir s'il s'agit d'un dépôt altéré par suite de l'infiltration des eaux atmosphériques, ou bien d'un dépôt originairement dépourvu de fossiles et réellement distinct des couches sous-jacentes.

La disposition générale et la forme des poches, à elles seules, dans la plupart des cas, permettent, à l'observateur ayant étudié les phénomènes d'altération par infiltration, de se faire une idée exacte de la nature des phénomènes qu'il a sous les yeux. Jamais il ne confondra les ondulations d'une véritable surface d'érosion dans un dépôt meuble avec les découpures bizarres et tourmentées des poches d'altération. De même, la superposition des matériaux par ordre de densité, l'état roulé, brisé ou trituré des débris organiques, ou tout au moins leur usure et celle des roches, sont autant de caractères exclusivement propres aux véritables surfaces de dénudation. La forme, les proportions, l'obliquité et les contournements étranges des poches d'altération, contenant parfois de véritables îlots non altérés, l'inclinaison ou la verticalité absolue des parois, tout cela est plus que suffisant pour écarter l'idée d'une ablation mécanique, de phénomènes de transport ou de dénudation. A plus forte raison, la continuité observée dans les grès durs, les nodules siliceux, les bancs de galets ou de graviers, ainsi que dans les guirlandes sableuses oxydées rattachées aux bancs de grès non altérés, montre-t-elle surabondamment que la formation des poches s'est faite par altération chimique sur place, sans remaniement ni déplacement d'aucune espèce.

L'absence de fossiles et surtout l'absence complète d'éléments calcaires, facile à constater au moyen des acides, constitue, avec la coloration jaunâtre, verdâtre ou rougeâtre, une forte présomption en faveur du rôle des infiltrations dans la production du phénomène. La présence de l'eau ou d'une certaine humidité dans les poches en forme de ravinements est aisée à constater et vient confirmer ces premiers indices.

L'examen, à la loupe, des grains glauconieux, qui sont modifiés et profondément décomposés dans le cas d'altération du dépôt, celui des grains quartzeux, qui sont alors généralement recouverts d'un enduit limoniteux résultant de l'imprégnation des sels ferriques dans la masse du dépôt, fournissent d'excellentes preuves de l'oxydation ayant accompagné la dissolution du calcaire et dérivant des phénomènes causés par l'infiltration des eaux atmosphériques.

Rien de tout cela ne s'observe lorsqu'il est question de deux dépôts d'origine et d'âge différents, dont l'un ravine l'autre. On nous autorisera à reproduire ci-après quelques détails sur une méthode expérimentale bien simple, que nous avons déjà indiquée ailleurs [1], permettant de vérifier avec certitude si deux dépôts meubles, dont l'un, privé de fossiles, parait raviner l'autre, sont réellement distincts ou bien ne représentent que les zones intactes et les zones altérées d'une même couche géologique.

---

[1] E. VAN DEN BROECK, *Seconde lettre sur quelques points de la géologie des environs de Bruxelles* (ANN. SOC. GÉOL. DU NORD, t. IV, 1876-77, pp. 106-120).

Des échantillons des deux dépôts seront recueillis autant que possible à une même hauteur et à petite distance de la ligne de démarcation délimitant une poche d'altération... ou de ravinement. On soumettra ensuite les deux échantillons à l'action de l'acide chlorhydrique dilué, ce qui permettra de constater l'absence totale d'éléments calcaires dans le dépôt quartzeux, si c'est réellement un sable altéré, et, d'autre part, d'éliminer en même temps tout le calcaire contenu dans l'échantillon représentant le dépôt fossilifère. Ce dernier résultat obtenu, on lavera soigneusement les deux résidus, qui ne contiendront plus alors que des grains quartzeux, de la glauconie, du mica et d'autres matières analogues, non solubles dans l'acide.

Sur un même slide, ou verre à préparation, on déposera ensuite côte à côte, mais de façon à ne rien mélanger, une petite quantité des deux résidus. Après les avoir convenablement humectés, on les étalera de manière qu'une couche mince et bien transparente de grains quartzeux repose sur le verre. Plaçant ensuite le slide sous le microscope, muni d'un objectif faible, on disposera la préparation de façon que le champ visuel renferme à la fois une égale partie des deux résidus quartzeux.

Si les résidus proviennent de deux couches distinctes, dont l'une a raviné l'autre, on observera, surtout avec des grossissements de 40 à 60 diamètres, des différences considérables dans l'aspect des éléments quartzeux. S'il s'agit, au contraire, d'un même dépôt, intact d'un côté et altéré de l'autre, il devra y avoir une identité parfaite dans le nombre, la forme et les dimensions des grains quartzeux des deux moitiés du champ visuel de l'objectif. La glauconie apparaîtra décolorée et oxydée d'un côté, intacte et foncée de l'autre, le lavage rapide à l'acide du dépôt calcarifère n'agissant pas sensiblement sur la glauconie du dépôt recueilli intact. De nombreuses expériences ont été faites par nous conformément à cette méthode et elles ont toujours été décisives.

Quant à la proportion relative des grains glauconieux, leur forme générale, leur dimension, etc., elles seront à peu près identiques dans les deux échantillons, s'ils appartiennent au même dépôt, à moins cependant que les sédiments provenant de l'intérieur de la zone altérée ne soient trop profondément modifiés et oxydés ; dans ce cas la glauconie serait entièrement transformée en hydrate ferrique et ne se retrouverait plus qu'à l'état d'enduit limoniteux, de couleur ocreuse, incrustant la surface de chaque grain quartzeux du dépôt altéré.

Le mica, les cristaux de quartz et les matières étrangères résistant aux acides, montreront également la même identité de formes, de dimensions et de proportions.

On peut, en se basant sur les mêmes principes, varier beaucoup ces expériences, et toujours l'identité des résidus quartzeux sera saisissante s'il s'agit d'un même dépôt, et leurs différences considérables, ou tout au moins très-sensibles, si l'on a affaire à deux couches distinctes non contemporaines, reposant en discordance l'une sur l'autre.

Si les poches d'altération traversent, sous forme de ravinements, deux ou plusieurs couches ou bien diverses zones d'un même dépôt — cas très-fréquents dans l'éocène moyen des environs de Bruxelles — on recueillera des échantillons de sable à ces différents niveaux et en série double, c'est-à-dire tant à l'intérieur qu'à l'extérieur des poches.

En étudiant au microscope, et en comparant deux à deux les résidus quartzeux, préparés comme il est dit précédemment, on observera infailliblement qu'à chaque différence dans la composition et dans l'aspect des dépôts normaux, correspondra une modification identique dans les échantillons recueillis aux mêmes hauteurs et à l'intérieur de la poche.

Rien de tout cela ne saurait se présenter dans les cas de remaniement ou d'érosion mécanique, dus à des phénomènes de dénudation.

Si un dépôt sableux — que l'on soupçonne être le résidu altéré d'une couche primitivement calcarifère — ne montre plus aucun vestige intact, ce qui empêche toute expérience de comparaison, il faut recourir aux acides, afin de s'assurer si le dépôt est réellement privé de tout son carbonate de chaux; il faut ensuite tenir compte de la coloration du terrain, la teinte verdâtre jaunâtre et rougeâtre étant l'indice ordinaire des phénomènes d'altération; puis on examinera à la loupe l'aspect des grains glauconieux, s'il y en a, ainsi que celui des grains quartzeux, généralement incrustés d'un enduit ferrugineux lorsque le dépôt a été altéré et oxydé par suite d'infiltrations. Il faut encore tenir compte de l'altitude relative du terrain étudié et de sa situation par rapport à la pente générale du sol, à la nappe superficielle des eaux d'infiltration et aux directions d'écoulement des eaux. Enfin, lorsque les affleurements des dépôts en litige ne montrent pas de coupes favorables, il importe d'examiner attentivement les dépôts recouvrants, au point de vue, soit de la présence d'autres couches altérées, soit de la présence et du développement des couches argileuses ou imperméables qui pourraient s'y trouver. On ne perdra pas de vue que c'est généralement de la plus ou moins grande perméabilité des dépôts superficiels que dépend l'intensité des phénomènes d'altération dans les couches sous-jacentes.

Si un dépôt perméable, sans fossiles et non calcarifère, surmonte une autre couche où s'observent manifestement des poches ou des phénomènes d'altération par infiltration, le dépôt supérieur devra représenter un résidu entièrement altéré, puisque la couche inférieure n'a pu être atteinte par les infiltrations qu'après altération complète de toute la masse supérieure. Tel est le cas, par exemple, pour les sables jaunâtres wemmeliens surmontant, dans les coteaux de la rive droite de la Senne, les poches de sables verts représentant la zone altérée du sable laekenien (voir la figure 1 de la planche, couche D'').

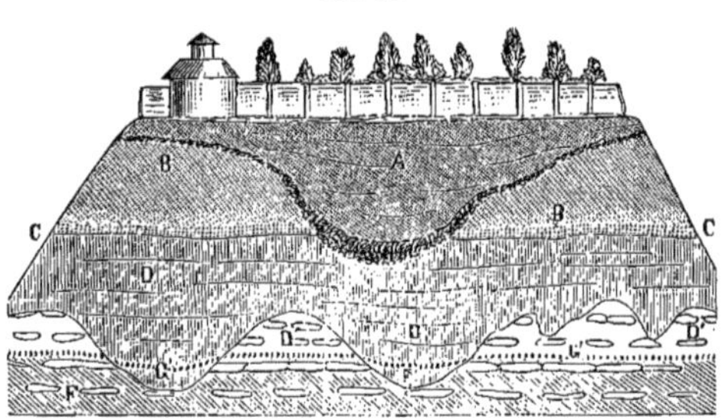

FIG. 19.

A Profonde poche de dénudation quaternaire.
B Sables wemmeliens entièrement altérés.
C Gravier de la base.

D, D' Zones normales et altérées du système laekenien.
G Gravier fossilifère base du laekenien.
G' Gravier non fossilifère (altéré).

F, F' Zones normales et altérées du système bruxellien.

La figure ci-dessus représente une coupe de 200 mètres de long, que nous avons relevée avec M. Rutot pendant les derniers travaux de déblais de la plaine de Tenbosch, près l'Avenue Louise, à Bruxelles. Cette coupe, très-intéressante, montre une énorme poche de dénudation quaternaire A, creusée dans les sables jaunes wemmeliens B et qui ravine même le gravier C, base de ce système et partout altéré dans cette coupe.

Les sables verts sans fossiles D représentent la zone d'altération du laekenien calcarifère blanchâtre D' et l'altération a même atteint en F' les sables calcareux bruxelliens F surmontés du gravier séparatif G, G'. Il est évident qu'avant d'avoir pu atteindre les couches laekeniennes et bruxelliennes, les eaux d'infiltration qui ont altéré ces sédiments calcarifères ont dû pénétrer toute la masse du dépôt wemmelien B et y produire les mêmes effets d'oxydation et de dissolution. C'est d'ailleurs ce que l'observation fait reconnaître à toute évidence.

Si, dans la majorité des cas, on ne doit s'attendre à trouver autre chose que des dépôts entièrement altérés au-dessus d'autres montrant des zones superficielles d'altération, il n'en est cependant pas toujours ainsi.

Une coupe du Wyngaerdberg, relevée à Saint-Josse-ten-Noode par M. Rutot, et que notre confrère nous a communiquée (voir la figure 6 de la planche), montre clairement un cas d'intercalation de zone normale entre deux dépôts altérés.

Le limon brun A' du sommet de cette coupe représente en effet une zone superficielle d'altération du limon jaune calcarifère A sous-jacent.

A un niveau inférieur, le sable vert C' représente la zone superficielle d'altération de la couche calcarifère blanchâtre C, qui est le laekenien (couche à *Ditrupa*).

Le dépôt normal et calcarifère A se trouve donc intercalé entre deux couches altérées, A' et C' oxydées et privées d'éléments calcaires.

Voici l'explication bien simple de ce fait :

La couche B est formée d'argile wemmelienne et de sables glauconifères remaniés, vestiges de couches wemmeliennes préexistantes; elle représente le *diluvium ancien*, dépôt quaternaire sur lequel repose A, A'. Or, entre le dépôt de cette couche quaternaire B et celui des sables laekeniens C, C', il s'est écoulé un espace de temps immense correspondant aux périodes oligocène, miocène et pliocène et pendant lequel (sauf pendant le dépôt des sédiments wemmeliens qui ont succédé aux couches C, C') il y a eu *émergence* continue de la région où a été levée cette coupe. Le phénomène d'altération par infiltration a donc commencé à se produire au sein de l'*ancien sol laekenien* bien avant l'arrivée des sédiments quaternaires, et les eaux météoriques qui ont agi en C′ ne sont donc nullement les mêmes que celles qui, depuis une période très-récente, ont commencé à attaquer le dépôt de limon quaternaire A. La distinction du phénomène ancien et du phénomène récent se trouve ici nettement établie et elle constitue la solution d'un cas qui peut se présenter fréquemment.

Nous ajouterons cependant que, le plus souvent, les poches d'altérations de nos sables éocènes, tout en ayant une origine très-reculée, s'agrandissent et s'étendent sans cesse par suite de l'infiltration continue des eaux pluviales. Le phénomène aurait alors été continu, bien qu'il paraisse cependant probable, qu'après le dépôt de l'ergeron, ou loess calcaire, dans nos contrées, il a dû subir un temps d'arrêt résultant de la résistance de ce manteau protecteur.

Pour en revenir aux diverses significations que l'on peut attribuer à des dépôts sableux, privés d'éléments calcaires, il ne sera pas inutile, avant de terminer ces considérations, de faire remarquer que les *sables de dunes* appartenant à divers horizons géologiques, — les seuls dépôts à peu près où l'absence de fossiles et d'éléments calcaires soit un caractère ordinaire ou normal — se distinguent suffisamment des dépôts marins altérés et chimiquement privés de calcaire. On les reconnaît à leur grain quartzeux, lisse, d'aspect particulier et de grosseur sensiblement uniforme; à l'absence de tout enduit ferrugineux et enfin à la situation excentrique de ces dépôts meubles dans les bassins géologiques, dont ils ne peuvent représenter que la région littorale où la phase supérieure d'émersion.

Des dépôts de sables ou de grès calcarifères peuvent aussi, après avoir été atteints par les phénomènes d'oxydation, résultant de l'infiltration des eaux météoriques et changés en résidus rougeâtres ou brunâtres, devenir parfaitement purs, meubles et blancs. Ce sont alors des phénomènes mécaniques de lavages successifs, dus aux eaux pluviales, qui ont entraîné les particules d'hydrate ferrique ayant antérieurement recouvert et empâté les grains quartzeux.

Ceux-ci alors constituent des amas ou des zones superficielles de résidus quartzeux blancs.

Ce fait a déjà été observé depuis longtemps et, comme exemple, nous citerons le remarquable passage suivant, extrait du Mémoire, publié en 1847 par Dumont, sur les terrains ardennais et rhénan de l'Ardenne, etc.

Parlant des quartzites verdâtres du système devillien de l'Ardenne, Dumont dit, page 10 : « Sur les plateaux où le quartzite est directement et » depuis longtemps exposé aux intempéries, il a subi des modifications plus » ou moins prononcées. Le premier degré d'altération consiste en change- » ments de couleurs. Le quartzite offre d'abord quelques taches rougeâtres, » puis devient entièrement rouge par la suroxydation du fer qu'il contient; » il devient ensuite grenu ou schisto-grenu et se transforme en grès rouge » brique, qu'une altération plus grande convertit en grès jaune par hydra- » tation de l'oxyde ferrique, et quelquefois en *grès blanchâtre* par dissolu- » tion ultérieure et complète de cette dernière substance.

» A mesure que la texture se modifie, la roche perd de sa cohérence et » finit par devenir friable. »

Ce que Dumont a observé dans les quartzites se produit, avec plus de facilité encore, dans certains dépôts meubles. Les dépôts sableux de l'éocène supérieur (wemmelien) nous ont montré divers exemples de cette transfor- mation, dont toutes les phases se montraient bien reconnaissables.

Si nous nous sommes étendu assez longuement sur les phénomènes d'alté- ration dans les dépôts meubles calcarifères, c'est parce que l'infiltration des eaux atmosphériques y donne lieu à un ensemble de phénomènes très-inté- ressants et à des modifications si profondes que les observateurs non pré- venus s'y laissaient aisément tromper, prenant souvent pour des couches distinctes les zones superficielles d'altération.

Nous avons eu moins pour but de résumer nos observations spéciales sur les couches sableuses éocènes de la Belgique que de donner une idée géné- rale des divers cas pouvant se présenter partout ailleurs, et dont les dépôts observés par nous permettent de se rendre exactement compte.

Comme nous l'avons dit tantôt, nos recherches sur « les sables verts sans fossiles » de l'éocène moyen des environs de Bruxelles, sont un remarquable exemple de la simplification apportée par la découverte du rôle des altérations dans l'étude de certaines questions stratigraphiques insolubles auparavant.

On nous permettra de rappeler rapidement les données du problème que nous avons été appelé à résoudre.

Les couches calcarifères éocènes de toute la région située à droite de la vallée de la Senne ont, depuis longtemps, été signalées comme se trouvant dénudées par un puissant dépôt de sables verts et jaunâtres, sans fossiles ni calcaire, ravinant tantôt le laekenien, tantôt le wemmelien, tantôt encore le bruxellien, et parfois même les trois assises superposées. (Voir la figure 1 de la planche, où ces sables sont représentés par les dépôts verdâtres D′, E′ et F′.)

Personne n'avait jamais songé à contester l'existence de ce phénomène, tant son évidence paraissait bien établie.

Les premiers géologues qui se sont occupés des effets de cette dénudation, les ont rattachés à des bouleversements « diluviens » ayant érodé la surface des dépôts bruxelliens avant la sédimentation laekenienne.

Voici, par exemple, ce qu'en dit M. H. Le Hon dans sa *Note sur les terrains tertiaires de Bruxelles,* etc. (Bulletin Soc. géol. de France, 2ᵉ sér., t. XIX, 1862, p. 804.)

« La partie supérieure de ce système (bruxellien) est toujours reconnaissable. Partout elle est caractérisée par des traces de grands lavages, des excavations et des érosions violentes...

» A Bruxelles, sur les flancs et les crêtes de la vallée d'érosion où coule la Senne, les ravages des eaux diluviennes ont été formidables. Malgré les bancs nombreux de pierres dont les couches bruxelliennes étaient en quelque sorte charpentées, ou peut-être à cause de cette force même de résistance, les eaux creusèrent des excavations et de longs ravinements, qui présentent parfois jusqu'à 10 et 12 mètres de profondeur. Là les bancs pierreux ont été arrachés et leurs débris concassés jonchent la superficie du système. Le croquis ci-dessous pourra en donner une idée. »

Nous représentons dans la figure 20 la coupe prise à Schaerbeek par M. Le Hon, et qui montre, d'après lui, le laekenien B déposé dans les grandes poches d'érosion du bruxellien A.

Cette coupe représente, en réalité, une poche d'altération creusée dans le bruxellien calcarifère et s'arrétant sur les grès siliceux de la masse inférieure de la même assise.

FIG. 20.

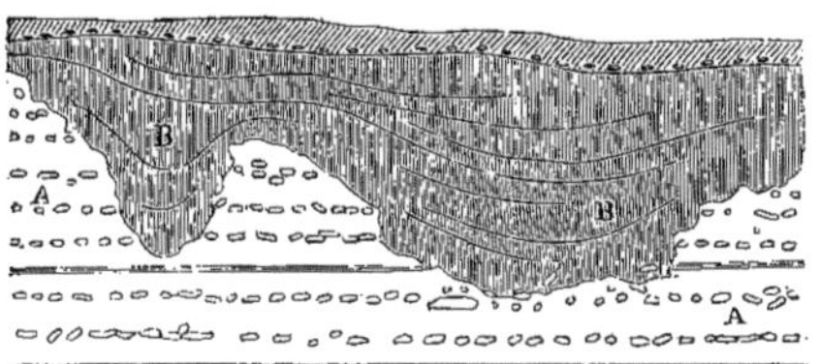

A Sables et grès calcarifères bruxelliens, siliceux vers le bas.
B Zone superficielle altérée : sables verdâtres sans fossiles.

L'illustre géologue, sir Ch. Lyell, auquel Le Hon avait précédemment fait remarquer ces immenses « poches d'érosion », les avait aussi signalées dans son *Mémoire sur les terrains tertiaires de la Belgique et des Flandres françaises,* publié à Londres en 1852 [1] et traduit en français en 1856 [2] par Le Hardy de Beaulieu et Toilliez.

« La figure suivante, dit Ch. Lyell, représentant une coupe prise à Dieghem fait voir la manière dont la couche à *Nummulites laevigata,* ainsi que les bancs inférieurs et supérieurs, ont été dénudés jusqu'à une profondeur qui va parfois à 6 ou 8 mètres. » (Voir fig. 21.)

FIG. 21.

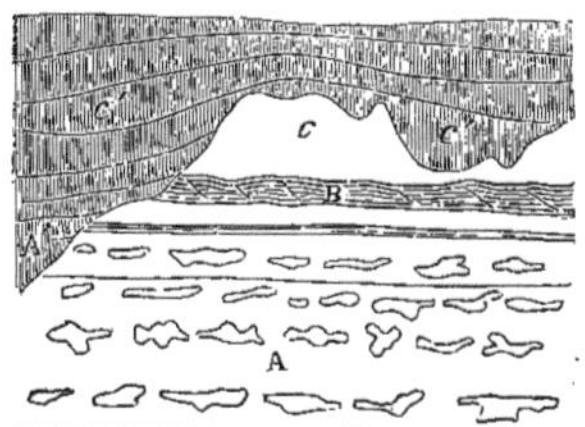

A, A' Sédiments bruxelliens; normaux et altérés.
C, C' Sédiments laekeniens; normaux et altérés.
B Gravier séparatif à *N. laevigata.*

[1] *Quart. Journ. Geological Society,* vol. VIII, 1852, p. 277.
[2] *Annales des travaux publics de Belgique,* t. XIV, 1856, p. 559.

Cette coupe représente en réalité les sables bruxelliens A, surmontés du gravier à *N. laevigata* B, formant la base du laekenien C. Quant aux sables verts et sans fossiles, qui paraissent raviner cet ensemble, ils sont bruxelliens en A', laekeniens en C', et ne représentent autre chose que les résidus, oxydés et décalcifiés, des sédiments de ces deux assises.

L'analogie que présentent, au premier abord, les poches d'altération avec les effets d'un phénomène d'érosion est si frappante, que, lors de la réunion de la Société Géologique de France en 1863, à Liége et à Bruxelles, l'étude des carrières de Schaerbeek, qui fut faite par les excursionnistes dans le but d'observer la disposition relative des deux systèmes bruxellien et laekenien, et de vérifier l'existence des ravinements signalés par Le Hon, ne donna lieu à aucune observation contradictoire. On peut s'en assurer par la lecture du compte rendu de la session, fait par M. le professeur Dewalque, et dans lequel il dit que « ces ravinements étaient très-prononcés et que la Société a pu en observer de beaux exemples. »

Le rapporteur ajoute que ces ravinements, observés également à Saint-Gilles, dans la même excursion, mais au-dessus des sables calcarifères laekeniens, surmontant le bruxellien, paraissaient avoir une valeur stratigraphique et une importance telles que, d'après lui, il y avait lieu de démembrer le système laekenien de Dumont, c'est-à-dire d'en rapporter la partie inférieure calcarifère au bruxellien et de faire commencer le laekenien avec les sables verts sans fossiles, remplissant les prétendues poches d'érosion. Ainsi, si nous nous reportons à la figure 7, par exemple, les couches de sables et de grès calcarifères C, D auraient dû se rattacher au système bruxellien A, tandis que la zone altérée E, F aurait seule représenté dans cette coupe les sédiments laekeniens.

Cette opinion, défendue de nouveau par M. Dewalque dans son *Prodrome d'une description géologique de la Belgique*, publié en 1868, est actuellement abandonnée par lui; mais elle montre dans quelles erreurs d'interprétation stratigraphique on est exposé à tomber lorsqu'on ne se rend pas un compte exact des effets si curieux du phénomène d'altération.

Pendant ces dernières années, les géologues belges se sont généralement trouvés d'accord pour reconnaître dans la couche roulée à *Nummulites laevi-*

gata, sous-jacente au laekenien calcarifère, la ligne de séparation entre les systèmes bruxellien et laekenien; mais on ne savait que faire des sables sans fossiles, verts ou jaunes, remplissant les prétendues poches de ravinement qui paraissaient dénuder tantôt l'un, tantôt l'autre de ces systèmes, et quelquefois tous deux en même temps. (Voir la figure 1 de la planche, couches D′, E′, F′; voir aussi figures 3, 4 et 6, couches A′, B′, C′.)

Bien que de nombreux géologues se fussent occupés de l'étude des couches tertiaires des environs de Bruxelles, aucun d'eux n'avait pu déterminer exactement l'âge de ces sables verts, ni celui des autres sables sans fossiles qui les surmontent. De plus, certains sables laekeniens fossilifères de la rive gauche, paraissant localisés dans cette région, n'avaient pu être nettement identifiés avec aucun des dépôts de la rive droite. Les couches sableuses et sans fossiles, de cette rive, étaient considérées, en tout ou en partie, soit comme tongriennes (oligocènes), soit comme laekeniennes (éocènes); une partie même des dépôts les plus supérieurs avaient été rattachées à la série rupelienne, c'est-à-dire à l'oligocène moyen. Quant aux géologues qui, avec raison, considéraient les « sables verts sans fossiles » comme laekeniens, ils les croyaient bien distincts des sables calcarifères de ce système, qu'ils paraissaient si profondément et si constamment raviner. (Voir la figure 1 de la planche, couche E′.)

Or, nous avons reconnu et démontré que les sables verts sans fossiles E′ de notre bassin éocène, si bien développés sur la rive droite de la Senne, à Bruxelles, représentent tout simplement la zone superficielle altérée des sables blancs calcarifères E du laekenien. Nous avons montré aussi que les sables jaunâtres D′ qui surmontent les premiers, représentent la masse, presque partout altérée sur la rive droite de la Senne, à Bruxelles, de l'étage wemmelien D, resté généralement intact et fossilifère sur la rive gauche.

Quant aux argiles et sables A′, B′ et C qui surmontent les sables jaunâtres D, nous avons reconnu, avec MM. Vincent et Rutot, que ce sont les termes supérieurs de l'étage wemmelien, constamment altérés partout, par suite de leur exposition continue à l'influence des agents météoriques.

Le prétendu niveau de ravinement et d'érosion, autrefois signalé à la base des sables verts ou jaunes, est une pure illusion; c'est la ligne de séparation des zones intactes et altérées de nos sables calcarifères, sans distinction d'âge ni de couche. De ce qui précède, il résulte enfin que l'apparente anomalie signalée dans la disposition et dans la constitution des couches éocènes des deux rives de la Senne s'évanouit complétement.

Quant à la cause qui a donné lieu à l'altération si générale des dépôts de la rive droite, en laissant intacts ceux de la rive gauche, elle a déjà été indiquée dans le cours du présent travail, à propos du rôle protecteur des couches imperméables. Ces couches sont, nous l'avons dit (p. 30), épaisses et bien développées sur la rive gauche, tandis qu'elles font généralement défaut sur la rive droite, où les sables calcarifères bruxelliens, laekeniens et wemmeliens se montrent presque partout à découvert.

La question de l'origine et de la signification des sables verts et jaunes sans fossiles, dont nous avons annoncé sommairement la solution en juin 1874 [1], a été exposée par nous pour la première fois en détail au Congrès de la Fédération des Sociétés scientifiques de Belgique, tenu à Bruxelles en juillet 1876 [2]. Depuis, rattachée et appliquée aux recherches stratigraphiques que nous avons faites en commun avec MM. Rutot et Vincent dans notre bassin éocène, elle a encore fait l'objet de diverses communications [3] et nous avons été assez heureux pour lui voir conquérir les suffrages de tous nos confrères de Belgique, surtout de ceux qui, ayant étudié la géologie de nos dépôts tertiaires, ont pu se convaincre de l'exactitude de ces observations. Il en est d'ailleurs de même pour les géologues étrangers qui, depuis la publication de ces résultats, sont venus visiter les couches éocènes des environs de Bruxelles. Nous citerons en particulier MM. Potier, Carez et M. le

---

[1] *Annales de la Société géolog. de Belgique*, t. Iᵉʳ, 1874 (BULLETINS, séance du 21 juin 1874).

[2] *Moniteur industriel belge*, vol. III, n° 25, 10 août 1876, p. 354 (COMPTE RENDU DU CONGRÈS DE LA FÉDÉRATION, etc.). Voir aussi *Annales de la Société belge de microscopie*, t. II, 1875-76 (BULL., p. XLIX, Rapport de M. Cornet sur les travaux du premier congrès de la Fédération, etc.).

[3] E. VAN DEN BROECK, *Lettre à M. Gosselet sur l'éocène moyen des environs de Bruxelles* (ANNALES SOC. GÉOL. DU NORD, t. III, 1875-76, pp. 174-185). — IDEM, *Seconde lettre sur quelques points de la géologie des environs de Bruxelles* (ANNALES SOC. GÉOL. DU NORD, t. IV, 1876-77, pp. 106-120). Voir aussi la réimpression de ces deux lettres à Lille, en juillet 1879, sous le titre : *Aperçu sur la géologie des environs de Bruxelles*.

professeur Gosselet, lequel, avec les élèves de la Faculté de Lille, est venu récemment vérifier ces résultats et a, pour d'autres points encore, reconnu l'exactitude des éclaircissements apportés par les données du phénomène d'altération par infiltration des eaux météoriques.

Mais ce premier fait acquis, tout important qu'il fût, n'était qu'un premier pas de fait dans une voie féconde.

C'est surtout la connaissance du *facies altéré* des divers termes stratigraphiques de la série wemmelienne qui devait fournir les résultats les plus considérables et les plus inattendus, s'appliquant, non pas à une région déterminée, mais à un ensemble de dépôts disséminés sur une surface comprenant plus de la moitié du bassin éocène belge.

Nous avons déjà dit que c'est suivant les circonstances ayant plus ou moins favorisé le phénomène d'infiltration, dans sa durée ou dans son intensité, et surtout suivant la proportion d'éléments glauconieux du dépôt infiltré, que la coloration du résidu d'altération varie du vert au jaune ou du rouge au brun. C'est grâce aux mêmes causes aussi que les sables très-glauconieux du dépôt wemmelien se sont métamorphosés en *sables jaunes*, très-oxydés, tandis que ceux moins glauconieux du laekenien sous-jacent, et par conséquent moins atteint, se sont transformés en *sables verts*, moins oxydés.

De même, les couches sableuses surmontant l'argile glauconifère wemmelienne, connues sous le nom de « sables chamois », représentent le résidu, profondément altéré et oxydé, privé de tout élément calcaire, d'un terme supérieur de la série wemmelienne, qui, par suite de sa situation superficielle dans tous les affleurements connus de ce système, ne s'y retrouve nulle part à l'état normal. D'après certains sondages exécutés dans la région comprise entre Malines et Anvers, le système wemmelien, s'enfonçant rapidement sous le sol, est recouvert par des dépôts protecteurs plus récents et montre tous ses termes stratigraphiques à l'état normal. C'est le seul point où nous ayons retrouvé au-dessus de l'argile glauconifère les « sables chamois » non oxydés et contenant des Nummulites wemmeliennes [1].

[1] Une intéressante découverte, qui vient d'être faite par MM. Velge et le major Hennequin, a définitivement confirmé l'exactitude de l'interprétation ci-dessus indiquée, de l'âge des sables chamois wemmeliens. Cette découverte consiste dans la constatation qui a été faite, en diverses

Nous avons déjà vu précédemment, dans le chapitre consacré aux phénomènes d'altération dans les dépôts glauconieux, que la partie la plus supérieure des sédiments du système wemmelien, toujours profondément atteinte dans les régions d'affleurement, a souvent été changée en un dépôt ferrugineux, qui, jusqu'ici, avait été considéré comme se rattachant, non à la période éocène, mais à la sédimentation pliocène.

Ces divers résultats de l'étude de nos couches éocènes wemmeliennes et autres ont été constatés et nettement démontrés en des points où il était aisé, le phénomène une fois reconnu, d'établir la corrélation de ces diverses zones d'altération avec les couches normales et non altérées qui y correspondent. Il devenait facile alors, connaissant le double facies normal et altéré de chacun de nos dépôts éocènes, de définir et de synchroniser avec les couches types et normales, les nombreux dépôts et lambeaux de sédiments éocènes qui sont épars dans les plaines et sur les collines du bassin tertiaire belge, dépôts dont la détermination avait jusqu'ici donné lieu à tant de doutes, de difficultés et surtout d'interprétations erronées.

MM. Vincent et Rutot, plus spécialement que nous encore, se sont attachés à l'étude stratigraphique détaillée de notre bassin éocène; et, dès les débuts de nos recherches sur la question de l'altération, ils ont compris toute la portée de nos observations. Aussi, avons-nous rapidement et sûrement résolu en commun les problèmes que la stratigraphie seule avait été impuissante à élucider.

Afin de donner une idée de l'importance des résultats obtenus, nous rappellerons que, par suite de l'étude attentive des phénomènes d'altération dans les couches éocènes du bassin tertiaire belge, il est actuellement acquis :

1° Que dans la plupart de nos dépôts éocènes, et notamment dans le bruxellien, le laekenien et le wemmelien, certaines couches qui avaient toujours été considérées comme formant des horizons distincts et qui avaient été rapportées à des périodes diverses et souvent confondues avec des dépôts

localités à l'ouest de Bruxelles, de la présence d'empreintes bien reconnaissables de coquilles et de Nummulites éocènes, dans des points d'affleurements de sables chamois altérés et changés en grès ferrugineux. La faune wemmelienne recueillie dans ces grès est parfaitement caractérisée.

(*Note ajoutée pendant l'impression.*)

absolument différents, ne sont autre chose que des zones superficielles d'altération par infiltration;

2° Que certaines lignes de démarcation, de prétendus niveaux de dénudation, etc., généralement considérés comme séparant des étages géologiques ne sont autre chose que la ligne de contact entre les zones intactes et les zones altérées d'un même dépôt;

3° Qu'un grand nombre de dépôts sans fossiles de notre bassin éocène, et dont la stratigraphie ne parvenait pas à faire reconnaitre l'âge ni les relations de synchronisme, se trouvent aujourd'hui nettement définis et rattachés à leurs horizons respectifs;

4° Qu'enfin, par suite des progrès que la question des altérations a fait faire à nos connaissances sur la constitution du bassin éocène belge, un remaniement considérable de la carte géologique de cette région est devenu indispensable, du moins en ce qui concerne la répartition et l'extension des dépôts.

Nous n'insisterons pas davantage sur la portée de ces résultats, dont l'énoncé est assez frappant par lui-même pour montrer toute l'importance des applications de notre thèse.

Comme remarque accessoire, nous ajouterons qu'il n'est pas douteux que la proportion considérable de carbonate de chaux tenu en dissolution dans les eaux souterraines de la plus grande partie de notre bassin éocène, et notamment à Bruxelles, ne provienne précisément de l'abondance du calcaire dissous par les eaux d'infiltration dans cette aire étendue, si riche en dépôts calcarifères aisément perméables.

Si nous passons maintenant au bassin pliocène belge, nous y trouvons une confirmation nouvelle de la nécessité de s'appuyer sur l'étude des phénomènes d'altération pour établir les relations réelles de cette succession de dépôts meubles et perméables.

On sait que les dépôts constituant le système scaldisien de Dumont avaient été généralement divisés, d'après leur faune et surtout d'après le caractère de la coloration de leurs sédiments, en deux étages distincts : l'inférieur, appelé crag gris et le supérieur, appelé crag jaune.

Dans certains points du bassin, la comparaison des faunes montrait des

différences très-sensibles justifiant complétement la division des sables scaldisiens en deux étages; mais il fut bientôt reconnu qu'il n'en était pas de
même partout. Les résultats obtenus devinrent si contradictoires que les
listes d'ensemble des fossiles des deux étages du *crag gris* et du *crag jaune*
ne présentèrent plus les caractères tranchés constatés lors des premières
recherches.

On en vint alors à douter de la réalité de l'existence de deux étages distincts dans les dépôts scaldisiens. Divers observateurs, parmi lesquels nous
citerons M. le professeur Dewalque, reconnurent alors que le caractère de la
coloration n'avait nullement la valeur distinctive qu'on lui avait attribuée :
la couleur des sédiments n'offrant aucune relation définie avec les caractères
paléontologiques du dépôt.

Par un revirement assez brusque, on attribua alors à des influences locales,
sans importance et sans fixité, les différences de couleur et d'éléments fauniques, constatées par les premiers observateurs.

Quant à la division des sables scaldisiens en deux étages, elle allait être
définitivement abandonnée, lorsque parut, en 1874, une Notice de M. Paul
Cogels [1], montrant, qu'en certains points des environs d'Anvers, il existait
réellement des zones distinctes parmi les dépôts du système scaldisien.

Nos recherches sur les couches pliocènes de la région d'Anvers nous ame-
nèrent à confirmer et à nettement définir ces premiers résultats.

Après en avoir reconnu toute la portée, plus étendue que ne le pensait
M. Cogels, nous pûmes établir qu'il existe dans les sables « scaldisiens »
deux étages géologiques bien distincts, d'âges différents, nettement caracté-
risés par leur faune, par leurs éléments lithologiques et par leurs conditions
de sédimentation.

Ces deux étages, auxquels nous avons donné les noms de *sables moyens
d'Anvers* et de *sables supérieurs d'Anvers*, sont séparés par une lacune de
sédimentation, marquée par un niveau de dénudation, qui jusqu'ici avait
échappé aux recherches. La figure 7 de la planche montre en B ce niveau

---

[1] P. Cogels, *Observations géologiques et paléontologiques sur les différents dépôts rencontrés à Anvers lors du creusement des nouveaux bassins* (Annales de la Soc. malacol. de Belgique, t. IX, 1874, pp. 7-32).

de dénudation, séparant l'étage des sables moyens **A** de l'étage des sables supérieurs **B**. Nos deux étages, cela va sans dire, ne correspondent nullement aux anciennes divisions en *crag gris* et en *crag jaune*, composées l'une et l'autre de couches hétérogènes, d'âges différents, et réunissant simplement des dépôts distincts, mais de coloration semblable.

Dans la figure 7 de la planche, l'ancien « crag gris » serait représenté par les zones A, B, C réunies, tandis que le « crag rouge », délimité par la couleur du terrain, serait constitué par C′, D′, E′.

Or, si nous nous demandons d'où provient l'étrange confusion qui, pendant si longtemps, a régné dans l'étude des couches scaldisiennes du bassin d'Anvers, nous reconnaîtrons aisément qu'elle résulte uniquement de l'interprétation inexacte des phénomènes d'altération qui ont affecté ces dépôts.

Ces couches scaldisiennes, meubles, peu épaisses et très-perméables, ont été presque partout altérées, oxydées et rougies sur une certaine épaisseur, par le fait de l'infiltration des eaux atmosphériques. Nous avons reconnu que tous les dépôts « scaldisiens » étaient plus ou moins *gris* primitivement et que la coloration jaunâtre ou rougeâtre de la zone supérieure est uniquement due à l'oxydation des sels ferreux et de la glauconie du dépôt. Cette coloration jaunâtre se présente aussi bien dans les *sables moyens d'Anvers,* quand ils sont exposés aux intempéries, que dans les *sables supérieurs d'Anvers,* où elle est presque constante.

Si, en fait, elle est à peu près générale dans ce dernier étage et fort rare dans l'autre, c'est une conséquence inévitable de la situation respective des deux dépôts, dont l'un, plus constamment et plus directement exposé aux infiltrations, recouvre et protége l'autre.

En tout cas, il est maintenant bien établi que la coloration des dépôts est entièrement indépendante de leur âge et de leur signification stratigraphique. Nous avons en effet rencontré des sables moyens présentant la coloration jaune, indice de l'oxydation du dépôt; par contre, de nombreux géologues ont pu s'assurer, lors des travaux récents de prolongement du Kattendyk, que l'étage des *sables supérieurs* s'y présente en certains endroits avec une coloration grise bien accentuée, la même à peu près que celle des *sables moyens* sous-jacents. La faune de ces dépôts, leurs caractères lithologiques

13

et un niveau de dénudation les séparent très-nettement au point de vue chronologique.

Dans les mêmes travaux, les coupes étendues pratiquées dans ces dépôts pliocènes, pour la construction des nouvelles cales sèches, montraient la zone des sables supérieurs à Trophon infiltrée et rubéfiée jusqu'à un niveau représentant souvent la moitié de la hauteur du dépôt; ce niveau, variable dans son allure, s'abaissait parfois jusqu'à quelques centimètres de la base des sables supérieurs ou bien, au contraire, remontait jusqu'au milieu du banc coquillier, qui s'observait vers la partie supérieure de ce dépôt.

FIG. 22.

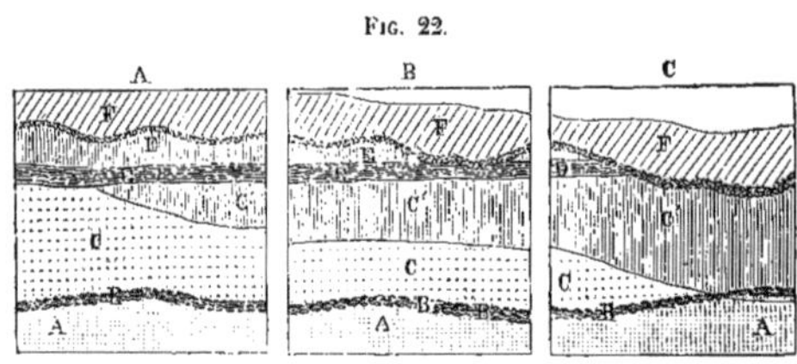

A Sables moyens, *gris*, à *I. cor.*
B Banc coquillier, base des sables supérieurs.
C Sables supérieurs, *gris*, à *Trophon antiquum*, non altérés.
C', D, E Sables supérieurs à *Trophon antiquum*, altérés et *rubéfiés*.
F Dépôts quaternaires et modernes.

Les trois coupes réunies dans la figure 22 représentent des sections de terrain pliocène prises en différents points des travaux, aux cales sèches. Dans toutes les trois, le dépôt A représente l'étage des sables moyens d'Anvers à *Isocardia cor* (ancien *Crag gris, partim*); B est la couche roulée, à éléments remaniés, formant la base des sables supérieurs à *Trophon antiquum* C, C', D, E.

C est la partie inférieure, restée normale et grise, de cet horizon. Ce niveau correspond aussi à l'ancien *Crag gris, partim*, et le mélange d'éléments fauniques constaté en B paraissait autrefois relier très-intimement C et A, surtout lorsque le dépôt B, très-développé, était à peu près le seul représentant de l'horizon des sables supérieurs à Trophon. C' représente la zone d'infiltration, oxydée et rougie, de C, et l'on voit le développement de cette zone varier d'après le point observé. Elle descend plus ou moins dans la masse du

dépôt, suivant l'importance du massif pliocène enlevé par dénudation ultérieure. D est un banc coquillier, avec organismes *in situ*, s'étendant très-régu-
lièrement au sein des sables à Trophon, et E représente un dépôt plus argileux appartenant à la même formation. C'est l'absence de ces deux dernières
zones, difficilement perméables, qui, dans les cas de ravinements quaternaires
intenses, a fait s'abaisser fortement la limite de la zone altérée, comme le
montre le dessin C de la figure 22.

En F on trouve les sables et limons quaternaires et modernes formant,
aux cales, le sommet des coupes observées.

Dans la figure 7 de la planche, nous avons représenté une coupe réelle, et
des plus explicites, relevée dans ces mêmes travaux d'Anvers.

La simple inspection de cette figure permet de s'assurer combien était
fausse la base de distinction adoptée autrefois pour la délimitation de nos
étages pliocènes supérieurs, distinction uniquement fondée sur la différence
de coloration des sédiments.

M. le professeur G. Dewalque, dans une note [1] postérieure au *Prodrome*,
a judicieusement fait remarquer le danger qu'il y avait de baser des sub-
divisions sur la couleur des dépôts.

A Zwyndrecht, sur la rive gauche de l'Escaut, en face d'Anvers, on voit
l'étage des sables supérieurs à *Trophon antiquum* reposer sur les sables
moyens à *Isocardia cor*, par l'intermédiaire d'un banc coquillier, correspondant au banc inférieur figuré plus haut dans les coupes des cales sèches.

La zone d'altération et de rubéfaction qui, sur toute l'étendue de la coupe
observée par M. Dewalque, avait affecté les sables supérieurs, descendait peu à
peu au travers du banc coquillier, épais de $0^m,80$, et ensuite au sein du sable
sous-jacent qui, à l'autre extrémité de la coupe, longue d'environ 50 mètres,
se montrait rubéfié à son tour sur 1 mètre, c'est-à-dire sur la moitié de son
épaisseur visible. M. Dewalque fait remarquer dans sa note que l'inclinaison
de la zone rubéfiée était dans le même sens que celle de la surface du sol,
c'est-à-dire suivant la direction d'écoulement et d'infiltration des eaux superficielles.

---

[1] G. Dewalque, *Notes sur quelques localités pliocènes de la rive gauche de l'Escaut* (Ann.
de la Soc. géol. de Belgique, t. III, pp. 12-20).

La figure 23 montre, d'après M. Dewalque, cette disposition, que nous avons retrouvée nous-même en d'autres points du bassin d'Anvers.

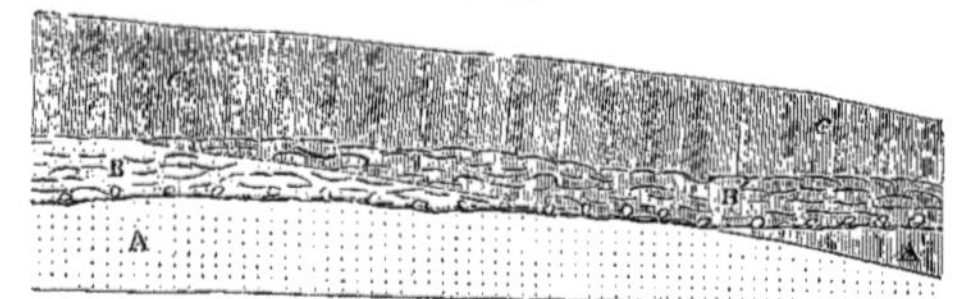

Fig. 23.

A, A′ Sables moyens à *Isocardia cor*.
B, B′ Banc coquillier, base des sables supérieurs à *Trophon antiquum*.
C, C Sables supérieurs à *Trophon antiquum*.
(Les parties traversées par les traits verticaux sont rougeâtres; les autres sont restées grises.)

Dans cette coupe, A, A′ représentent les sables moyens à *Isocardia cor*, B, B′ le banc coquillier à éléments remaniés formant la base des sables supérieurs à *Trophon antiquum* C, C. On voit la zone rubéfiée C, B′, A′ descendre avec la pente du terrain et affecter successivement les diverses strates pliocènes de cette coupe. La couche supérieure C, non protégée, se montre partout altérée et rubéfiée, comme c'est d'ailleurs le cas général à Anvers.

Il n'est pas nécessaire d'entrer dans plus de détails pour faire comprendre, étant données l'origine et la signification réelles des caractères de la coloration, que les géologues et les paléontologues qui divisaient les sables « scaldisiens » de Dumont en deux étages basés sur ce caractère, ont dû se heurter à des difficultés et à des contradictions vraiment insurmontables.

La dissolution des éléments calcaires et l'oxydation des sels ferreux ne sont pas toujours en relation constante d'intensité, au point de vue de la comparaison mutuelle de leurs effets, dans les dépôts meubles et perméables soumis aux phénomènes d'altération. Ainsi, à Anvers, nous avons constaté que les sables supérieurs ou moyens pouvaient être fortement oxydés et rougis par suite d'une altération profonde de la glauconie, sans que les débris coquilliers fussent dissous. D'autre part, les sables glauconifères sous-jacents de l'étage inférieur se trouvaient simplement verdis par suite d'une altération partielle ou moins intense de la glauconie; et cependant, dans ce dépôt inférieur moins oxydé, tous les éléments calcaires, coquilles, etc., avaient entièrement disparu par suite de la dissolution complète du carbonate de chaux dans le dépôt!

Ce fait, qui paraît anormal au premier abord, n'est qu'une conséquence toute naturelle des conditions spéciales dans lesquelles s'est ici produit le phénomène d'altération. Il est à remarquer, en effet, que si l'oxydation de la glauconie peut se faire au simple contact de l'air humide ou de l'oxygène en dissolution dans les eaux atmosphériques s'infiltrant rapidement et à de nombreuses reprises au travers des sables meubles, il n'en est pas de même pour la dissolution du calcaire, qui exige une action continue et prolongée de l'acide carbonique contenu dans les eaux d'infiltration. Il faut donc, pour que les débris coquilliers puissent être attaqués et le calcaire dissous, que l'eau séjourne pendant un temps assez long dans les dépôts affectés par les phénomènes d'infiltration.

Les sables moyens et surtout les sables supérieurs d'Anvers, où la proportion d'éléments quartzeux est toujours considérable, sont généralement peu épais et très-perméables; les eaux pluviales qui les arrosent par intermittences s'y évaporent rapidement, ou bien descendent à un niveau inférieur, sans pouvoir dissoudre les éléments calcaires des couches sableuses. Or, c'est précisément parce que les eaux pluviales ou d'infiltration s'arrêtent au niveau du dépôt moins perméable des sables glauconieux inférieurs, où elles s'étendent en nappe persistante, que la zone altérée de ce dépôt (le sable vert) est généralement privée, par dissolution, de ses éléments calcaires, c'est-à-dire de débris coquilliers, etc.

D'un autre côté, la glauconie si abondante de ces sables inférieurs d'Anvers, en relation moins directe avec l'oxygène de l'air que la glauconie des dépôts recouvrants, laquelle a aussi en grande partie absorbé l'oxygène des eaux d'infiltration, s'oxyde moins aisément. C'est par ce motif que la coloration verte est si fréquente dans les sables inférieurs altérés, tandis que la coloration jaune ou rougeâtre s'observe plus communément dans les sables moyens et supérieurs. (Voir la figure 4 et la figure 2 de la planche.)

La zone infiltrée et modifiée des sables glauconifères d'Anvers présente parfois sur un espace très-limité, dans une même coupe, tous les degrés possibles d'altération. Ainsi, dans un talus du fossé de l'enceinte fortifiée d'Anvers, entre les Portes Léopold et de Borsbeek, nous avons trouvé certaines parties du dépôt fossilifère à Pétoncles entièrement changées en sable vert sans un atome de matière calcaire et sans aucune trace de fossiles; d'autres points de la coupe, moins altérés, contenaient encore quelques fossiles à moitié décomposés, et tombant en bouillie au moindre contact; en certains points concrétionnés du dépôt, les fossiles étaient représentés par des moulages à moitié durcis et d'aspect ferrugineux. Le dépôt oxydé, devenu rougeâtre ou ocreux, rappelait alors, à s'y méprendre, l'aspect ordinaire des « sables ferrugineux diestiens ».

Dans la zone des sables glauconieux grisâtres à Panopées, que nous avons étudiés au Kiel et à Burgh, près d'Anvers, ces phénomènes d'altération par infiltration des eaux atmosphériques se montraient également avec une intensité variable et donnaient lieu à des colorations différentes. Dans les deux localités précitées, les sables à Panopées reposent sur un lit épais et imperméable d'argile oligocène retenant les eaux au niveau des sables, qui, dans les dépressions de l'argile, sont alors fortement altérés. Les fossiles, ordinairement friables et tombant en bouillie, manquent en beaucoup de points, où ils sont dissous. Ce phénomène est général dans la zone superficielle des sables à Panopées, changés en sables verts, parfois jaunâtres ou rougeâtres et fortement oxydés. Des coupes fraîches du terrain permettent d'observer la transition insensible de cette zone superficielle à la partie fossilifère; mais, dans certains cas, la partie la plus altérée simule, au sein des sables simplement verdis, ou bien intacts et fossilifères, des poches d'érosion paraissant remplies par le sable rougeâtre et oxydé.

Une observation intéressante, qui nous a été fournie par les coupes récentes des travaux de prolongement du bassin du Kattendyk à Anvers, montre que les phénomènes de rubéfaction par oxydation, dus aux influences météoriques, se produisent parfois avec une très-grande rapidité. C'est ainsi que la surface de talus creusés dans des massifs de sables supérieurs à Trophon non altérés, surface qui se montrait parfaitement grise et normale au moment de la mise à nu, se trouvait être sensiblement oxydée et jaunie, sur une épaisseur d'environ 5 millimètres, après une exposition d'à peu près trois semaines aux influences météoriques. Les coupes des cales, creusées dans un terrain humide, offraient en plusieurs points le même phénomène bien caractérisé, partout où il y avait eu exposition à l'air libre de surfaces restées grises et normales. Il est à remarquer que l'oxydation ne peut s'opérer aussi facilement dans des sédiments se trouvant à un niveau d'eau constant que dans des dépôts alternativement secs et traversés par l'infiltration des eaux superficielles. Il en est tout autrement de l'action *dissolvante,* favorisée, au contraire, par la persistance de séjour des eaux d'infiltration.

Des phénomènes analogues à ceux que nous avons observés à Anvers, à Bruxelles et ailleurs en Belgique, ont été constatés récemment en Angleterre par différents géologues.

MM. Whitaker, Wood Jr et Harmer [1] ont simultanément reconnu qu'un dépôt sableux rougeâtre sans fossiles, surmontant et paraissant raviner dans certaines localités les couches pliocènes du *Red Crag,* n'est autre chose que la partie supérieure altérée et oxydée du dépôt fossilifère sous-jacent, traversée par l'infiltration des eaux superficielles chargées d'acide carbonique ayant amené la dissolution du calcaire.

MM. Whitaker et Dalton, du Geological Survey d'Angleterre, ainsi que MM. Potier, de Lapparent, de Cossigny, Dollfus et d'autres géologues en France, en Angleterre et en Belgique, ont bien voulu, dans des communications particulières, nous faire part de diverses observations du même genre, confirmant l'universalité du phénomène d'altération des dépôts superficiels par infiltration des eaux météoriques.

Lorsque l'attention des géologues parisiens sera suffisamment attirée sur ce fructueux champ d'étude, il n'est pas douteux que bien des cas analogues à ceux que nous avons rencontrés dans l'éocène et dans le pliocène de Belgique soient signalés en de nombreux points du bassin de Paris, qui contient des dépôts meubles fort semblables à ceux de l'éocène belge.

Dès maintenant déjà, nous pouvons faire remarquer que les dépôts non calcarifères, sablo-argileux, de coloration rougeâtre et prétendument quaternaires, qui ont été signalés aux environs de Paris comme pénétrant, en forme

---

[1] S. Wood and F. W. Harmer, *Observations on the later tertiary Geology of East Angliæ* (Quart. Journ. Geol. Society, February 1877, p. 74). — W. Whitaker, *Note on the Red Crag* (Idem, vol. XXXIII, 1877, p. 122).

de découpures, bizarrement contournées, dans le calcaire grossier meuble, ne sont autre chose que des poches d'altération de la roche sous-jacente, lesquelles se présentent sous le même aspect que celles étudiées par nous dans les dépôts éocènes des environs de Bruxelles. A Paris également, les bancs intercalés de grès durs ont été dissous et le résidu en a été oxydé; de plus, les phénomènes de tassement et d'effondrement produits par la disparition du calcaire et l'imprégnation des sables ont parfois permis à certains galets quaternaires recouvrants de descendre dans ces poches et de compléter ainsi l'illusion. Il est certain que, pour beaucoup d'observateurs, ces sables argileux rougeâtres, contenant des galets vers le haut et se reliant ainsi au terrain quaternaire, paraîtront constituer la base de ce dépôt.

La figure 5 de la planche représente une minime partie d'une belle coupe de calcaire grossier moyen, soigneusement relevée par M. Belgrand. Il suffit d'y jeter un coup d'œil pour se convaincre, par la seule forme et les allures des poches, que le dépôt rouge, décalcifié et oxydé, recouvrant dans cette région le calcaire grossier ne peut représenter une couche sédimentaire. Il est aisé de reconnaître dans ces découpures bizarres et tourmentées une zone superficielle d'altération du dépôt calcaire sous-jacent. Cette coupe montre, en divers points, des phénomènes de dissolution des bancs calcaires, semblables à ceux que nous avons si fréquemment constatés dans les sables à grès calcarifères de l'éocène moyen du bassin tertiaire belge.

Les dépôts meubles et calcarifères des *sables moyens* du bassin parisien, tels que ceux des gisements classiques de Guespelle et du Fayel, les sables fossilifères de Fontainebleau, ceux de Bracheux et bien d'autres sédiments analogues, étudiés par nous lors de nos courses dans le bassin de Paris, nous ont montré des zones superficielles de dépôts ocreux décalcifiés, parfois concrétionnés, ferrugineux et transformés en grès durs, qui incontestablement n'ont d'autre origine que l'altération par voie hydro-chimique, des sédiments calcarifères sous-jacents. Ces zones, devenues différentes, n'ont donc nullement la valeur stratigraphique ni la signification que leur attribuent les géologues qui les ont le plus souvent signalées et décrites comme des dépôts distincts, ayant leur rang dans l'échelle stratigraphique normale des horizons auxquels elles se rattachent.

Ce n'est pas seulement dans les dépôts superficiels du sol actuel que l'on doit s'attendre à trouver des zones d'altération par infiltration des eaux météoriques. Le même phénomène s'étant produit en tous temps, les traces qu'il a dû laisser doivent nécessairement se retrouver aussi sur d'anciennes surfaces continentales ou émergées, aujourd'hui recouvertes par d'autres dépôts, soit normaux, soit altérés à leur tour.

La coupe du Wyngaerdberg, dont nous avons parlé précédemment, et qui se trouve représentée par la figure 6 de la planche, nous a montré l'existence de deux phases successives du phénomène d'altération, dont la première s'est effectuée pendant un espace de temps compris entre l'émersion des sédiments éocènes et la période quaternaire, et la seconde après le dépôt du loess ou ergeron.

A Cortryck, entre Aerschot et Louvain, nous avons vu une coupe assez étendue montrant 2 mètres de sables glauconifères diestiens (pliocènes), dont la partie supérieure seule avait été infiltrée et changée en sables ferrugineux rougeâtres.

Au-dessus d'un épais banc de cailloux roulés, formant la base de ce dépôt, il y avait, sur toute l'étendue de la coupe, 1 mètre de sable glauconieux non altéré et d'un gris verdâtre. Ce sable glauconieux reposait sur des sédiments rupeliens (oligocène moyen) qui se montraient blancs, meubles et normaux en certaines places, altérés et rubéfiés en d'autres et parfois même concrétionnés en bancs rougeâtres assez durs, un peu limoniteux. Parmi les cailloux de la base du diestien, il y avait quelques fragments de cette roche durcie, montrant que sa formation était antérieure au ravinement pliocène.

De l'ensemble de ces faits, il résulte clairement que les phénomènes d'altération ayant affecté les sables rupeliens sont antérieurs à ceux qui ont agi sur les sédiments diestiens. Les premiers se sont effectués pendant la période d'émersion comprise entre le dépôt de l'oligocène moyen et la sédimentation pliocène, tandis que les seconds sont postérieurs à celle-ci.

Mais on peut aussi constater des phases distinctes du processus d'altération dans le sein d'une succession de dépôts marins, tous placés hors de l'influence des phénomènes actuels d'infiltration des eaux météoriques.

Nos recherches sur les terrains tertiaires de la Belgique nous ont montré

14

quelques cas de ce genre. D'autres nous ont été communiqués par des collègues.

Nous citerons, par exemple, l'observation faite au Mont Panisel par notre confrère M. A. Rutot. Vers le sommet de la colline, un chemin creux lui a fait voir le sable ypresien présentant une zone superficielle altérée et oxydée — non point par un niveau d'eau actuel, qui ne saurait se maintenir à cette hauteur, où l'on ne constatait d'ailleurs aucune humidité — mais par des infiltrations antérieures à la sédimentation paniselienne.

En effet, les sables glauconifères paniseliens qui recouvraient les sables ypresiens ne montraient presque aucune trace de décomposition ni d'altération, et l'on sait cependant combien la glauconie est sensible à l'influence des eaux d'infiltration!

Il est donc logique de conclure que, dans la région du Mont Panisel au moins, il y a eu, entre la sédimentation des sables ypresiens et le dépôt du sable paniselien, un certain temps d'arrêt causé par une oscillation du sol qui a permis au sable ypresien émergé de subir l'influence de l'infiltration des eaux pluviales et des agents atmosphériques.

MM. Cornet et Briart nous ont également communiqué une coupe inédite qu'ils ont levée pour accompagner une *Note sur la constitution géologique des collines tertiaires faisant, dans le Hainaut, la séparation entre les eaux de la Meuse et de l'Escaut.* Cette note a été résumée par eux dans les *Annales de la Société géologique de Belgique,* où elle a paru (BULLETIN, t. V, p. LXXIV) sans la coupe que nous donnons ici et qui met en pleine évidence l'altération ancienne des argilites de Morlanwelz avant la sédimentation bruxellienne, qui s'effectua au-dessus de la surface émergée des premières.

La figure 8 de la planche représente, d'après le dessin que nous ont obligeamment communiqué MM. Cornet et Briart, un massif de sables et d'argiles tertiaires, parcouru, à une vingtaine de mètres de profondeur, par une galerie horizontale de drainage, longue de 828 mètres, que rencontrent sept puits verticaux et trois forages. Ce sont les données fournies par les travaux exécutés à cette occasion qui ont amené les résultats que nous allons brièvement indiquer.

Dans cette figure, A et B représentent des dépôts quaternaires et modernes; C' et D' représentent le sable bruxellien, remanié vers le haut, en C', par dénudation quaternaire, altéré dans la plus grande partie D' du dépôt et passant, vers le bas, à un sable marneux E, d'un blanc grisâtre avec grès calcaires.

On remarque que le sable marneux a arrêté l'infiltration des eaux superficielles, qui n'ont pu pénétrer plus avant.

La couche F, F', sous-jacente à ce sable marneux calcarifère, est constituée par un dépôt d'argilite de Morlanwelz, dont la partie supérieure F', jaune ou brune, décalcifiée et oxydée, est profondément altérée et où les fossiles n'existent plus qu'à l'état d'empreintes.

Le bas F de la couche, non altéré et de couleur gris-bleuâtre plus ou moins foncé, est calcarifère et contient des fossiles avec leur test.

En G, G' enfin, on trouve un sable fin, micacé, gris-bleuâtre dans ses parties non altérées G, et renfermant les mêmes fossiles que la couche F. A l'entrée de la galerie, dans le flanc de la colline, on trouve ces sables, décalcifiés et oxydés G' sur une longueur d'environ 60 mètres.

La figure 8 de la planche indique nettement les rapports des zones intactes et altérées de ces divers dépôts et il nous suffira, pour faire comprendre toute l'importance de ces données, de reproduire textuellement le passage final de la note de MM. Cornet et Briart.

« Le fait le plus important, disent-ils, qui ressort de cette description, c'est que la partie supérieure des argiles est altérée, quoique se trouvant entièrement recouverte par une couche marneuse du terrain bruxellien qui ne l'est pas du tout. L'altération des argilites, qui ne peut être que le résultat des influences atmosphériques, est donc antérieure au dépôt des marnes bruxelliennes.

» Or, ces influences atmosphériques n'ayant pu exercer leur action que pendant une émersion du sol, nous devons en conclure que notre pays a subi un soulèvement assez notable et assez prolongé entre le dépôt des argilites ypresiennes et celui des premières assises bruxelliennes. »

Cet exemple suffira, croyons-nous, pour montrer le rôle important que l'étude des phénomènes d'altération est parfois appelée à prendre dans les recherches géologiques et pour faire ressortir les lumières que cette étude peut apporter dans l'élucidation de certaines questions avec lesquelles elle ne paraît, au premier abord, avoir aucune relation.

Nous allons maintenant passer à l'étude des phénomènes d'altération observés dans les roches crétacées et spécialement dans la craie blanche.

Depuis longtemps, il est bien établi que l'attaque de la craie par une eau légèrement acidulée ou chargée d'acide carbonique donne lieu à la dissolution du carbonate de chaux et à la production d'un résidu généralement composé d'une proportion variable de sable siliceux, mais surtout d'une certaine quantité d'argile brunâtre ou rougeâtre, d'aspect ferrugineux.

La conséquence rationnelle de la facilité avec laquelle l'eau chargée d'acide carbonique attaque et dissout la craie est que, partout où les couches de craie affleurent à la surface du sol, partout aussi les eaux fluviales et d'infiltration doivent donner naissance à des phénomènes d'altération et de dissolution très-accentués. Il est logique de conclure aussi que ces phénomènes ont dû commencer à se produire dès l'émergence de la craie et qu'ils se sont effectués jusqu'à nos jours, en se perpétuant pendant toute la période tertiaire, du moins partout où les dépôts crétacés continuèrent à rester émergés ou bien furent recouverts par d'autres sédiments, mais de façon cependant à rester soumis à l'influence des agents météoriques. Or, nous trouvons précisément dans les dépôts connus sous le nom d'*argiles à silex*, qui recouvrent la surface de la craie en affleurement ou sous des dépôts quaternaires ou tertiaires, tous les caractères du résidu chimique provenant de la dissolution lente de la roche par l'eau atmosphérique chargée d'acide carbonique.

On a beaucoup écrit sur l'origine et sur l'âge des argiles à silex, que l'on avait, jusque dans ces dernières années, considérées comme des dépôts distincts, tantôt crétacés, tantôt tertiaires, ou bien se rattachant spécialement à la période quaternaire. On en a fait tantôt des produits geyseriens ou éruptifs, tantôt du terrain « sidérolithique »; on a aussi regardé ces argiles comme des résidus de remaniement tertiaire ou quaternaire de divers étages crétacés et enfin comme des dépôts glaciaires ou erratiques.

Dans ces derniers temps cependant, on a dû se rendre à l'évidence et, sans parler des géologues anglais et allemands qui ont étudié cette question, plusieurs observateurs français, MM. de Mercey, Meugy, de Lapparent, Dollfus, Gosselet, etc., ont reconnu l'origine chimique de l'argile à silex et ils ont constaté que ce dépôt n'indique aucun phénomène de transport ou de déplacement mécanique dû à l'action des eaux marines. Pour expliquer cette origine chimique, M. Meugy et d'autres géologues ont cru devoir faire intervenir des sources acides et d'autres phénomènes de ce genre mettant en jeu des eaux d'origine interne. Ayant observé que l'argile à silex rappelait singulièrement certains caractères « d'érosion », du diluvium rouge, on a attribué à ces deux dépôts, non-seulement une origine semblable, ce qui est exact, mais encore une formation commune et un même âge. C'est ainsi que M. Meugy suppose que des sources acides, ayant donné naissance à la fois au diluvium rouge et à l'argile à silex, ont dû se faire jour entre le dépôt du diluvium gris et celui du loess.

M. de Lapparent a parfaitement reconnu que les argiles à silex n'ont pas d'âge déterminé ; cet observateur judicieux s'est assuré que l'argile à silex a pu se former à plusieurs reprises et pendant diverses phases de la période tertiaire.

S'il est vrai que M. de Lapparent et plusieurs de ses confrères français reconnaissent maintenant l'origine purement chimique de l'argile à silex et la formation sur place de ce dépôt, par dissolution de la craie, il n'est pas moins vrai aussi qu'ils sont généralement restés sous l'idée que ces phénomènes chimiques sont dus à des causes spéciales : sources acides, actions thermales, éjections geyseriennes, etc., et se trouvent intimement liés avec les phénomènes éruptifs, avec la production des failles et des lignes de fracture, au voisinage desquelles on les observe souvent.

M. G. Dollfus, dans une note publiée il y a quelque temps sur les couches tertiaires des environs de Dieppe [1] a, le premier à notre connaissance, très-exactement défini les conditions de dépôt de l'argile à silex. Parlant de dépôts observés aux environs de Dieppe, il dit : « La craie, dans toute la région, présente les traces évidentes d'altérations superficielles : le plus généralement
» elle est recouverte d'argile à silex, qui, par sa nature, sa composition, sa
» situation, est un produit ou résidu chimique de l'altération de la craie par
» les agents atmosphériques... Cette argile est une formation continue, qui a

---

[1] G. DOLLFUS, *Description et classification des dépôts tertiaires des environs de Dieppe* (ANN. DE LA SOC. GÉOL. DU NORD, t. IV, 1876-77, p. 19).

» commencé à se former depuis l'émersion définitive de la craie, qui a duré
» pendant toute la période tertiaire et qui se poursuit encore : elle a été cer-
» tainement dispersée ou remaniée en bien des points, à plusieurs reprises,
» mais elle a toujours recommencé à se former quand la craie a pu être
» atteinte par les eaux atmosphériques. Elle s'est formée également sous les
» terrains dont elle pouvait être recouverte toutes les fois que ces terrains
» étaient perméables, et nous la retrouvons aussi tapissant les poches pro-
» fondes formées par la dissolution de la craie, dans lesquelles les formations
» tertiaires ont pu glisser et s'affaisser. »

Plus récemment encore, M. le professeur Gosselet, dans sa Note sur l'*Argile à silex de Vervins* (Ann. Soc. Géol. du Nord, t. VI, 1879, p. 317) a
clairement exposé la même thèse et, pour lui aussi, l'action si simple, mais
si puissante, des phénomènes de dissolution dus à l'infiltration des eaux pluviales suffit pour expliquer les observations faites jusqu'ici au sujet de l'argile
à silex. « Fidèle à la théorie des causes actuelles, dit M. Gosselet, je repousse
» toute ingérence de principe inconnu. Je ne veux pas, dans le cas présent,
» de ces agents internes, si commodes pour voiler l'ignorance où nous
» sommes souvent des causes réelles des phénomènes naturels [1]. »

[1] Notre attention vient d'être attirée, depuis la rédaction de notre texte, par un intéressant
article de M. Ribeiro, intitulé *Sur le terrain quaternaire du Portugal* (Bull. de la Soc. géol.
de France, t. XXIV, 2e série, p. 693). Dans ce travail l'auteur signale certaines relations
existant entre le phénomène de l'altération des roches par les eaux atmosphériques et l'argile
rouge qui recouvre les formations calcaires de tous âges, étudiées par lui en Portugal.

« Les argiles rouges, dit-il, qui accompagnent constamment la surface des régions calcaires...
se manifestent dans notre sol calcaire de tous les âges, remplissant les fentes et les anfractuosités de ce sol et en recouvrant en partie la surface... Sur plusieurs points de notre sol, nous
avons trouvé une liaison intime entre les argiles en question et l'altération du même sol calcaire, déterminée aussi bien par l'action des eaux de l'intérieur *que par celle des agents
externes*. Nous dirons même que ce phénomène ne s'est point borné à un endroit précis ni à
un étage désigné de la série sédimentaire du pays. En effet, nous avons rencontré des calcaires
subcristallins du jurassique supérieur, entre Lagos et le cap Saint-Vincent qui, *sous l'action des
agents atmosphériques actuels*, donnent une argile identique à l'argile rouge quaternaire en
question et se confondent avec elles. On observe un phénomène semblable dans les calcaires
granulaires, jaunes et blancs, des étages néocomien et crétacé moyen de Cascaes, d'Ericeira...
Et il faut remarquer que l'altération du calcaire peut être suivie, dans la localité, dans toutes
ses phases jusqu'à la disparition complète de la roche que l'argile rouge remplace. »

(Note ajoutée pendant l'impression.)

Maintenant que l'origine chimique et la formation sur place de l'argile à silex ne peuvent plus être sérieusement contestées, maintenant aussi que l'action dissolvante des eaux météoriques sur la craie est un fait bien établi, il n'est plus guère nécessaire de repousser une à une les hypothèses encombrantes et si peu justifiées qui mettent en jeu des actions thermales, des sources ou des éruptions d'eaux acides.

On nous permettra cependant de passer rapidement en revue les principales objections qui ont été présentées.

Nous avons dit plus haut que les géologues qui, reconnaissant l'impossibilité de considérer l'argile à silex comme un terrain de transport, y ont reconnu un dépôt chimique effectué sur place, ont généralement fait appel à des agents extraordinaires, tels que des sources ou des éruptions d'eaux acides ! Ils ont été jusqu'à calculer gravement l'effrayante quantité d'acide chlorhydrique nécessaire pour dissoudre les massifs de craie dont l'argile à silex représente le résidu chimique.

On peut s'étonner de voir des observateurs devant, par la nature même de leurs études, être familiarisés avec la valeur du temps en géologie et avec la puissance et la grandeur des effets d'érosion mécanique et chimique produits sur les surfaces continentales par les agents météoriques, trouver si difficile d'admettre l'épaisseur des massifs crayeux dont le résidu de dissolution est représenté par l'argile à silex. On peut se demander aussi comment il ne leur est pas venu à l'esprit que, si considérables que soient les quantités d'acide chlorhydrique mises à leur disposition par l'hypothèse, elles ne fourniront jamais des résultats de dissolution aussi énormes et aussi généraux à la surface des roches crayeuses du globe entier que l'*acide carbonique des eaux pluviales,* multiplié par ce facteur d'une puissance infinie qu'on appelle le *temps.*

On a souvent mis en avant l'hésitation des géologues à admettre l'épaisseur des massifs crayeux qu'ils croient nécessaires — en admettant nos vues — d'invoquer comme source du résidu d'argile à silex. Ce qui rend surtout cette objection si persistante c'est, croyons-nous, l'idée fausse que l'on se fait généralement de la différence de volume existant entre une masse donnée de roche calcaire ou crayeuse et son résidu de dissolution.

On nous répondra peut-être par des expériences de laboratoire. Mais celles-ci — en admettant qu'elles se montrent défavorables à nos vues, ce qui reste à démontrer — ne pourront servir d'argument qu'après avoir été faites dans des conditions identiques à celles où se produisent les diverses actions que nous offre la nature. La dissolution pure et simple d'une roche calcaire ou crayeuse par un acide donnera lieu peut-être à un résidu argileux assez faible, tandis que si cette attaque est lente et conduite de manière à permettre en même temps l'*oxydation* des sels ferreux contenus dans la roche, la combinaison des deux résidus argileux et ferriques donnera lieu à une masse bien différente.

L'oxydation des sels ferreux produit en effet une sorte de foisonnement et une incontestable augmentation de volume, dont la formation de la rouille nous fournit un frappant exemple. Une mince lame de fer, s'oxydant sous l'influence des intempéries, se trouve, après un certain temps, transformée en une masse de rouille d'un volume bien supérieur. C'est la combinaison de l'oxygène de l'air humide avec le fer qui donne lieu à cet accroissement de volume, dont les armes anciennes de nos musées d'antiquités fournissent des exemples familiers à tout le monde.

Il en est absolument de même dans l'altération des roches calcaires et crayeuses, qui toutes contiennent des sels ferreux. C'est le foisonnement et le mélange du résidu ferrique de ces sels avec les particules argileuses résultant de la dissolution du calcaire qui donnent lieu à la formation du dépôt assez considérable d'argile rouge constituant l'argile à silex, et qu'un simple groupement des particules argileuses prises isolément n'aurait en effet pu produire.

Si des argiles à silex, entièrement dépourvues d'éléments sableux ou grossiers, recouvrent une région dont le sol est constitué par une roche crayeuse grossière ou mélangée de grains de quartz, on ne pourra arguer de ce fait, sans s'être au préalable assuré si l'argile fine recouvrante ne provient pas de la dissolution préalable de couches crayeuses préexistantes, plus fines et plus pures que le substratum actuel de cette argile. Il y aura également lieu d'examiner, dans la négative, si l'argile à silex ne montre pas les caractères d'un dépôt stratifié; elle pourrait représenter le résidu fin et purifié d'une argile à silex formée sur place ailleurs et remaniée par des phénomènes de transport quaternaires ou modernes. Cette dernière cause a d'ailleurs souvent étendu le dépôt d'argile à silex au-dessus de couches tertiaires postérieures à sa formation, ce qui a même été présenté, bien à tort, comme une objection à la thèse de la formation sur place de l'argile à silex par l'infiltration des eaux superficielles dans des roches crayeuses.

D'étroites relations ayant été souvent constatées entre la disposition des failles ou des lignes de fracture et la présence des dépôts de sables dits éruptifs, des poches d'argile à silex, etc., on a généralement conclu à des relations communes d'origine entre ces deux séries de phénomènes; mais ces relations s'expliquent tout naturellement par le fait que les failles et les fractures étant pour les eaux superficielles ou d'infiltration de véritables centres d'attraction, des conduits naturels d'écoulement, il est logique d'y constater l'extension plus grande des phénomènes d'altération et de dissolution résultant du séjour prolongé de ces eaux.

On a parfois remarqué que les argiles à silex se trouvent localisées sur le bord abaissé des failles. C'est une conséquence de la tendance des eaux superficielles à se réunir dans les dépressions du sol; elles y exercent des phénomènes d'altération plus intenses que sur les sommets des pentes, où, ne pouvant se maintenir, elles influencent moins les dépôts.

La continuité, parfois constatée aussi, du dépôt d'argile à silex sur les bords relevés et sur les bords abaissés d'une faille, n'implique nullement, ainsi qu'on l'a cru généralement, que la formation de ce dépôt doive nécessairement être antérieure à la production de la ligne de fracture. Cela peut signifier simplement que la surface de la craie a été altérée partout, par suite de circonstances spéciales, toujours faciles à retrouver. Il est d'ailleurs évident que les phénomènes d'altération produits par les agents atmosphériques et les infiltrations superficielles, en rapport direct avec les données topographiques et hydrographiques, n'ont aucune relation avec l'âge des couches ou des dépôts.

C'est aussi par l'examen attentif des données topographiques et par l'étude des phénomènes de remaniement, postérieurs à la formation de l'argile à silex, que l'on parviendra à écarter les prétendues difficultés qui ont été signalées et qui ne sont que les conséquences normales de conditions particulières ou locales.

Quant aux objections générales que l'on a faites à la thèse de l'origine hydro-chimique de l'argile à silex, elles tombent devant l'évidence des faits, dûment interprétés.

Les argiles ferrugineuses ou plastiques, les sables siliceux meubles ou cimentés, les poudingues, le fer hydraté, le minerai de fer en grains, qui, avec les argiles à silex, s'observent souvent en poches, en filons ou en nappes au voisinage des lignes de fracture, sont très-généralement les résidus d'altération, de dissolution, de concrétionnement et de métamorphisme hydro-chimique de dépôts, soumis, par leur situation même auprès de ces fentes attirant les eaux, à des phénomènes accentués d'altération sur place. Le plus souvent cependant, ces dépôts sont regardés à tort comme d'origine interne et en connexion avec des phénomènes volcaniques ou geyseriens.

Dans son étude *Sur l'étendue du système tertiaire inférieur dans l'Ardenne et sur les argiles à silex* (Ann. Soc. géol. du Nord, t. VI, 1879-80, p. 340), M. Ch. Barrois, qui admet, quoique sans grande conviction, la véritable cause de la formation de l'argile à silex, étudiée par lui dans l'Aisne et dans l'Ardenne, se trouve forcé de reconnaître les relations intimes existant entre ces argiles à silex recouvrant la craie, l'argile brune à fossiles siliceux qui recouvre les terrains jurassiques de l'Ardenne et les *minerais de fer en grains* qui, communs aux deux dépôts, se relient surtout au premier. La formation de ce minerai de fer, par le fait d'actions chimiques dues aux influences météoriques, est appelée à jeter un grand jour dans la question du *sidérolithique*.

C'est d'ailleurs ce qu'un observateur consciencieux, M. Virlet-d'Aoust, avait déjà fait remarquer en 1864 (Bull. Soc. géol. de France, 2e sér., t. XXII, p. 138). D'autre part M. G. Dollfus, après un voyage en Suisse, nous écrit ce qui suit : « J'ai vu, en Suisse, que le *sidérolithique* n'est que l'altération continentale ou d'émersion des jurassique et crétacé inférieur calcaires, pendant l'éocène. »

Nous croyons utile de rappeler à ce sujet d'intéressantes observations faites par M. Virlet-d'Aoust et signalées par lui, en 1859, dans le *Bulletin de la Société géologique de France* (2e sér., t. XVI, p. 445).

Faisant remarquer les inconvénients qui peuvent résulter de l'emploi de l'expression : terrain ou étage sidérolithique, M. Virlet-d'Aoust signale le fait que certaines oolithes sont le résultat de concrétions formées par transports moléculaires postérieurement au dépôt des masses qui les renferment.

Il a vu, dans des dépôts oolithiques ferrugineux, en Bourgogne et en Franche-Comté que « les grains coupent les feuillets ou zones du terrain encaissant » et il ajoute « qu'avec un peu d'attention on peut parfois apercevoir ces zones se prolonger à travers les grains eux-mêmes, circonstance bien importante à noter parce qu'elle démontre l'interposition postérieure du fer, phénomène qui nous a été si clairement révélé pour la première fois par les grandes oolithes ou nodules de fer carbonaté lithoïde, qu'on rencontre au milieu des bancs argileux zonés de l'*Oxford Clay* des environs de la Voulte. » « Cette pénétration postérieure, continue l'auteur, est encore mieux démontrée par les fragments réellement roulés qu'on rencontre parfois à travers ces masses ferrugineuses; car ils ne coupent pas les zones, mais, au contraire, ils sont contournés et enveloppés par elles. »

La coloration brune ou rougeâtre de l'argile à silex est due à l'oxydation des sels ferreux de la craie, changés en hydrate ferrique. Dans certains cas, les eaux superficielles ont pu se charger mécaniquement, pendant leur passage au travers de couches quaternaires ou autres, recouvrant la craie, de particules limoneuses qui se trouvent ensuite arrêtées au passage dans les endroits les moins perméables, se déposent et peuvent alors, conjointement avec les résidus chimiques d'altération, former des bandes d'argile plastique ou très-pure revêtant les poches d'altérations creusées dans la craie.

Lorsqu'au lieu d'agir sur la craie blanche, les infiltrations superficielles ont lieu dans la craie glauconieuse, ou bien sur de la craie recouverte par des dépôts tertiaires glauconieux, tels que le landenien, le résidu de l'attaque se présente tantôt sous la forme d'un sable vert siliceux, tantôt sous la forme d'une argile verte, véritable dépôt chimique, analogue à l'argile à silex et formé comme elle par altération sur place.

En Angleterre, où ces dépôts ont été bien étudiés, MM. Hughes, Whitaker et Codrington ont reconnu qu'ils sont uniquement dus à la dissolution des parties supérieures de la craie par l'infiltration d'eaux chargées d'acide carbonique.

L'*argile à chailles* de certains dépôts jurassiques a la même origine, et le passage entre la roche intacte et la zone superficielle altérée qui la recouvre est si évident que le moindre doute à ce sujet est depuis longtemps rendu impossible. On sait que cette argile constitue un riche gisement de fossiles *silicifiés,* mis en liberté par suite de la dissolution de la roche calcaire au sein de laquelle ils se trouvaient primitivement renfermés.

Lorsqu'une argile à silex, surmontant la craie, se trouve à son tour recouverte par des dépôts tertiaires, il y a lieu d'examiner tout d'abord si ceux-ci sont altérés ou non, s'ils sont perméables en tout ou en partie et enfin si les eaux du sol peuvent s'infiltrer à la surface de la craie. Dans l'affirmative, l'argile à silex, bien que située sous des dépôts tertiaires, peut être d'origine récente. Ce serait alors à peu près le même cas que celui de cette argile plastique du bassin de Liége, mentionnée page 25 et se formant actuellement, sous des couches crétacées, à la partie supérieure de schistes houillers.

Dans le cas d'une argile à silex reposant sur la craie et recouverte elle-même de couches tertiaires imperméables ou non altérées, on ne pourrait évidemment rapporter à des phénomènes actuels d'infiltration la formation du dépôt. C'est aux phénomènes d'altération effectués après l'émersion de la craie et avant l'abaissement du sol ayant donné lieu à la sédimentation tertiaire, que doit alors se rattacher la formation de l'argile à silex en question.

Parmi les argiles à silex anciennes se trouvant dans ce cas, il en est beaucoup, qui, par suite de l'invasion des eaux tertiaires par lesquelles elles furent recouvertes, ou bien par suite de remaniements fluviaux antérieurs à cette invasion, ont dû subir une sorte de lavage sur place; les particules argileuses délayées et en partie dispersées dans les eaux, ont disparu et il est alors resté soit un résidu sableux, soit un conglomérat de sables et de silex non roulés. Ces dépôts, parfois encore un peu argileux et oxydés, forment ce que l'on appelle parfois des *sables à silex.* Ceux-ci peuvent également être constitués par remaniement quaternaire ou moderne d'argiles à silex formées à la surface actuelle du sol crayeux.

Ces *sables à silex* sont donc, soit un véritable produit de lavage sur place d'une argile à silex d'âge quelconque, soit le résultat de l'introduction, dans un dépôt préexistant de cette nature, de sédiments quartzeux et de grains glauconieux amenés par l'invasion des eaux d'une mer tertiaire qui serait venue le recouvrir.

Il est facile, au moyen de lavages éliminant les particules légères et argileuses de l'*argile à silex*, de s'assurer expérimentalement qu'elle donne souvent naissance à un résidu siliceux, qui est bien le *sable à silex*. On devra tenir compte toutefois de cette circonstance que l'expérience en question ne peut évidemment donner lieu à l'apport mécanique des grains quartzeux et glauconieux, d'origine tertiaire, constatées dans certains dépôts remaniés de sables à silex.

Par suite de lavages ou de remaniements quaternaires ou modernes, très-accentués, il peut ne subsister dans une région déterminée, primitivement recouverte d'argile à silex, que des amas épars de silex entièrement déchaussés de leur gangue argileuse et sableuse. Cette circonstance paraît s'être présentée à diverses reprises et n'a pas toujours été bien interprétée.

Lorsque la surface de la craie est recouverte, non d'argile à silex, — impliquant une altération chimique du dépôt par infiltration des eaux météoriques — mais de ce produit particulier de désagrégation mécanique de la craie, qui est connu sous le nom de *grève crayeuse*, on observe parfois, au-dessus de cette zone décomposée, des dépôts plus ou moins développés de sables siliceux, purs, non stratifiés, qui, dans certains cas, ont été rapportés au terrain tertiaire. D'Archiac a signalé des dépôts de ce genre dans la région orientale du département de l'Aisne, où M. Ch. Barrois les a étudiés à son tour tout récemment [1].

Il nous paraît résulter très-clairement des observations de M. Barrois que ce sable siliceux de l'Aisne, reposant sur la grève crayeuse et surmonté lui même du limon quaternaire, n'est autre chose que le résidu de la dissolution sur place de la couche superficielle de la grève crayeuse. Ce résidu siliceux a aussi été déplacé et entraîné en divers points des vallées, où il constitue, à l'état remanié, des dépôts manifestement quaternaires.

---

[1] Ch. Barrois, *Sur les sables de Sissonne (Aisne) et les alluvions de la vallée de la Souche* (Ann. de la Soc. géol. du Nord, t. V, 1877-78, p. 84).

Le passage suivant de la notice de M. Barrois est relatif à la coupe, reproduite ci-dessous (fig. 24), d'une sablière montrant un phénomène particulier accompagnant la superposition des sables siliceux de Sissonne (Aisne) sur la grève crayeuse. Nous le reproduisons en entier, parce qu'il montre que l'auteur exprime lui-même, quoique avec une certaine réserve, l'opinion que nous venons d'émettre sur l'origine du sable siliceux surmontant la grève crayeuse.

Fig. 24.

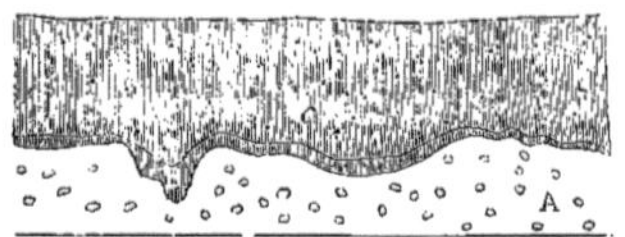

A Grève crayeuse, sable et fragments de craie.
B Argile brune.
C Sable en lits bruns et jaunes.

Faisant allusion au mince lit d'argile brune, figuré dans cette coupe, M. Barrois dit :

« La séparation nette qui existe ici entre le sable et la grève crayeuse » mérite de fixer l'attention, car elle n'est pas habituelle, et l'on observe » ordinairement un passage insensible du sable à la grève sablo-crayeuse » pure. On a probablement ici un exemple de ces altérations de sable dues » aux agents atmosphériques, sur lesquelles M. Van den Broeck a récemment » insisté : le sable jaune de la partie supérieure devait contenir primiti» vement de la grève crayeuse comme celui de la base, mais les eaux plu» viales chargées d'acide carbonique, qui se sont infiltrées dans ces sables, » ont dissous ces fragments calcaires et laissé leur résidu sous forme d'un » cordon argileux brun, au point où la décomposition s'est arrêtée. »

M. Barrois fait ensuite cette remarque importante que l'argile brune qui forme cette veine est identique par tous ses caractères à l'argile brune à silex de la craie de Picardie.

Si, dans la coupe précédente, le résidu argileux et oxydé de la dissolution de la grève crayeuse s'est déposé sous forme d'un mince lit brunâtre, c'est sans doute parce qu'en ce point l'écoulement latéral des eaux d'infiltration ne pouvait s'effectuer librement comme partout ailleurs, où les eaux entraînent avec elles, en circulant dans le dépôt, les fines particules limoneuses et oxydées qu'elles tiennent en suspension après avoir effectué la décomposition de la roche calcaire.

Dans les conclusions de sa notice, M. Barrois considère les sables « de Sissonne » comme quaternaires. Cela est exact en ce sens que les sables siliceux sont parfois recouverts par le limon quaternaire et qu'ils se trouvent également déposés dans les vallées, où ils s'observent en stratifications fluviales et irrégulières, appartenant à la formation diluvienne. Mais les sables de Sissonne ont pu commencer à se former bien avant l'époque quaternaire par altération de la grève crayeuse sous l'influence des agents météoriques, et il n'est pas douteux non plus que partout où ces sables siliceux, purs et non remaniés, affleurent au-dessus de la grève crayeuse, aux dépens de laquelle ils sont formés, ils doivent être plus anciens que dans le fond et sur les flancs des vallées, *où ils ont été dispersés par remaniement ultérieur.* Dans leurs points normaux de formation, ils doivent encore continuer à s'accroître actuellement par suite de la dissolution graduelle des éléments calcaires de la grève crayeuse, soumise à l'action continue de l'infiltration des eaux météoriques.

Ce que nous disons ici s'applique à tous les dépôts de ce genre ayant la même origine. Ces couches superficielles, résidus altérés de formations quelconques, n'ont pas d'âge déterminé, comme les couches sédimentaires.

L'apparition des phénomènes d'altération qui leur ont donné naissance peut, à la rigueur, être rapportée à telle ou telle époque déterminée, mais l'activité des agents météoriques, ainsi que l'accroissement de ces dépôts, qui ont pu être interrompus à diverses reprises, se sont généralement continués jusqu'à nos jours, du moins lorsqu'il s'agit de dépôts superficiels ou non protégés contre l'infiltration des eaux météoriques.

Les puits naturels de la craie ont, depuis longtemps, attiré l'attention de nombreux observateurs, et les hypothèses les plus diverses ont été émises pour expliquer ces phénomènes.

Les puits naturels ne sont pas localisés dans le terrain crétacé seulement :

on en a rencontré dans divers dépôts calcaires et, plus rarement, dans certaines couches purement sableuses.

Dans le bassin de Paris, on en a observé dans les sables inférieurs, dans le calcaire grossier, dans les sables moyens, dans le calcaire lacustre de Saint-Ouen, dans le gypse, dans les marnes supérieures, etc. En Belgique, nous en avons vu dans le sénonien, dans le maestrichtien, dans le sable landenien et on en a signalé dans nos terrains primaires.

Nous avons retrouvé entre les poches d'altération formées par l'infiltration des eaux atmosphériques dans les sables éocènes des environs de Bruxelles et les puits naturels ou orgues géologiques de la craie de telles affinités que la similitude d'origine de ces poches et des puits naturels ne saurait un instant être contestée. Après tout ce qui a été dit dans ce travail sur le rôle des infiltrations dans l'altération des roches calcaires, il ne peut plus subsister aucun doute sur l'exactitude de la thèse défendue, depuis un certain temps déjà, par d'habiles observateurs anglais, tels que Lyell et Prestwich, en ce qui concerne le mode de formation des puits naturels.

Il suffit d'examiner quelques puits, ou même de lire simplement les descriptions données, pour retrouver dans la constitution des puits naturels tous les caractères des phénomènes d'altération; ils s'y présentent même avec un aspect tout à fait semblable à celui constaté dans les poches d'altération des dépôts calcarifères ou sableux des terrains tertiaires de la Belgique, de la France, etc.

Résumer rapidement les principaux caractères des puits naturels revient, comme on va le voir, à rappeler les descriptions données tantôt par nous au sujet des poches d'altération dans les dépôts calcarifères de l'éocène moyen. En effet, dans les puits de la craie, comme dans les poches de nos sables calcarifères, le carbonate de chaux, dissous, fait complétement défaut. Le test calcaire des fossiles a également disparu. Au voisinage des cavités ou puits de la craie, la roche est devenue tendre, friable et poreuse; un commencement d'attaque a parfois donné lieu à une craie un peu colorée, à moitié décomposée et où l'on distingue un mélange de sable fin, d'argile et d'oxyde de fer. Les parois et le fond des puits sont visiblement corrodés et apparaissent souvent comme désagrégés et décomposés.

L'enlèvement des éléments calcaires à l'intérieur des puits donne lieu, tout comme dans les poches de nos dépôts éocènes, à une forte diminution de volume, amenant des tassements et un effondrement graduel des dépôts recouvrants, lesquels descendent peu à peu dans l'intérieur des puits. C'est ainsi que des fragments de roches tertiaires ou quaternaires s'observent parfois vers la partie supérieure des puits de la craie, où leur poids les a fait descendre.

Si ces débris sont calcaires, ils s'altèrent et disparaissent très-rapidement; les grès et d'autres roches plus résistantes peuvent se maintenir intacts plus longtemps, surtout vers le haut des puits, où les eaux d'infiltration, ne pouvant se rassembler, agissent avec moins d'intensité que vers le bas.

Les galets et le gravier quaternaire qui forment, dans certaines circonstances, un manteau superficiel recouvrant la craie, sont disposés souvent en lits légèrement déprimés — par suite de tassements — au-dessus des puits dans lesquels ils ont d'ailleurs aussi pénétré : plus bas, on voit les galets prendre une position oblique et s'incliner de plus en plus vers l'axe du puits; ils occupent ensuite la position verticale au sein de celui-ci et, présentant leur grand axe ainsi que leur centre de gravité vers le bas, ils montrent clairement qu'ils ont été entraînés par leur poids, ainsi que par les tassements et l'approfondissement successif du puits.

Les bancs de silex que rencontrent dans la craie les poches ou les puits de faibles dimensions, n'ont guère subi de modification et se continuent souvent, sans aucun déplacement, au sein de ces puits. Les silex qui se trouvent en saillie sur la face intérieure des puits n'ont été ni déplacés ni modifiés, toute l'énergie dissolvante des eaux d'infiltration ayant agi sur le carbonate de chaux, plus facile à attaquer que le silex.

Dans les puits d'une certaine étendue, au contraire, les bancs de silex se trouvent représentés par des rognons isolés, non sensiblement altérés, mais souvent descendus à un niveau un peu inférieur à celui des bancs *in situ*. Ces silex n'ont subi d'autre mouvement que celui imprimé lentement à tout le résidu du puits par l'affaissement graduel résultant de la disparition du calcaire.

La figure 25 représente, d'après Lyell, des « tuyaux de sable » (puits natu-

16

rels) dans la craie, à Eaton, près de Norwich. (Voir *Éléments de géologie*, 6ᵉ éd., Paris, t. Iᵉʳ, p. 132.)

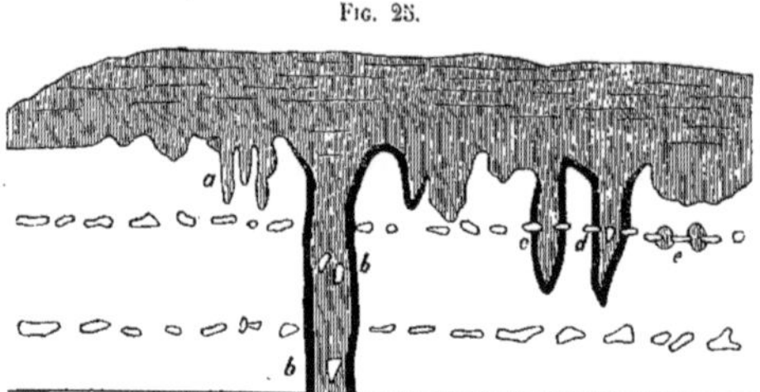

Fig. 25.

Puits naturels dans la craie, à Eaton (Norwich), d'après Lyell.

« Ces cavités, dit Lyell, étaient d'une forme très-symétrique : les plus larges avaient au delà de 3ᵐ,50 de diamètre et quelques-unes avaient été suivies par le forage jusqu'à 18 mètres de profondeur. Les plus petites variaient de quelques centimètres à un décimètre de diamètre et rarement elles descendaient à plus de 3ᵐ,65 au-dessous de la surface. Sur un point où trois d'entre elles se présentaient, comme en *a*, très-rapprochées les unes des autres, la roche interposée, composée de craie blanche, tendre, n'était aucunement brisée. Toutes les cavités se dirigeaient vers le bas et se terminaient en pointe; du sable et des cailloux roulés occupaient généralement les parties centrales des tuyaux, tandis que les côtés et le fond étaient tapissés d'argile.

» Les actions mécaniques, dit plus loin le même auteur, qui ont été invoquées pour expliquer la formation de ces cavités ne peuvent avoir creusé les tuyaux de sable *c* et *d*; car on voit plusieurs gros silex de la craie faisant saillie hors des parois de ces tuyaux et n'ayant pas subi l'effet de l'érosion, bien que le sable et les graviers aient pénétré à plusieurs décimètres au-dessous. Dans d'autres cas, tels qu'en *bb*, on rencontre, à différentes profondeurs au sein des matériaux meubles qui remplissent les tuyaux, de semblables nodules siliceux, conservant encore leur forme irrégulière et leur encroûtement blanchâtre. Ces nodules proviennent évidemment des lits réguliers de silex qui se trouvent au-dessus. Il faut aussi remarquer que le tracé du même tuyau *bb* se continue quelquefois jusqu'à une certaine distance au-dessus du niveau de la craie au travers des sables et graviers qui la recouvrent; la destruction de toute marque de stratification ne laisse aucun doute sur la réalité de cette continuation. Quelquefois, comme dans le tuyau *d*, les lits sus-jacents de gravier se courbent en bas, vers l'embouchure du tuyau et prennent une direction presque verticale, ainsi qu'il arriverait si des couches horizontales eussent fléchi graduellement par défaut de support. On peut expliquer tous ces phénomènes en attribuant l'élargissement et l'approfondissement des tuyaux de sable à l'action chimique de l'eau chargée d'acide carbonique extrait du sol végétal ou des racines d'arbres en décomposition... »

Cet extrait, malgré sa longueur, devait prendre place ici à cause de l'intérêt que présente la coupe figurée par Lyell ainsi que la réunion des divers cas présentés par les puits qui s'y rencontrent.

Tous les caractères des puits naturels, soit ceux signalés plus haut, soit ceux indiqués dans la coupe de la figure 25, se retrouvent, à un degré plus ou moins accentué, mais toujours très-reconnaissables, dans les poches d'altération par infiltration que nous avons observées, à Bruxelles, dans les sables éocènes à bancs de grès siliceux.

Quant au résidu quartzeux formant l'intérieur des puits de la craie, ou d'autres roches calcaires, il provient, dans la plupart des cas, de la décomposition de la roche elle-même, comme l'ont d'ailleurs montré diverses expériences de laboratoire.

Ce résidu peut également provenir de l'effondrement de couches sableuses recouvrantes. Souvent, les deux causes agissent simultanément.

Le phénomène de la production de l'argile rouge ou brune qui garnit les parois des puits naturels a été singulièrement interprété par la plupart des géologues qui s'en sont occupés. On a fait appel, pour l'expliquer, à des éjaculations geyseriennes, à des phénomènes éruptifs ou d'origine interne, alors que la dissolution du calcaire ou de la craie, mettant en liberté l'argile que ces roches contenaient, produisant l'oxydation de leurs sels ferreux ou de leurs éléments glauconieux, est la cause toute naturelle de la formation du résidu d'argile rouge qui, partout et toujours, dans les roches calcaires, accompagne les phénomènes d'altération par infiltration.

Cette argile, parfois très-pure et très-compacte, tapisse les moindres sinuosités des parois des puits et en recouvre surtout le fond. Ce résidu fin qui, par suite de l'attaque du dépôt calcaire, s'est d'abord trouvé en suspension dans les eaux d'infiltration, a passé aisément au travers des dépôts meubles remplissant l'axe des puits, et s'est ensuite arrêté sur les bords et surtout au fond des puits, dont les parois difficilement perméables laissaient peu à peu infiltrer l'eau, mais arrêtaient l'argile ferrugineuse qu'elle tenait en suspension. L'argile rouge se forme constamment le long des parois, par suite de l'attaque continuelle du calcaire ; ce dépôt s'épaissit donc peu à peu et s'avance lentement au sein de la roche, au fur et à mesure de la dissolution du calcaire et de l'agrandissement des puits.

Les poches d'altération des sables calcarifères des environs de Bruxelles nous ont montré, dans certains cas, des phénomènes absolument identiques, dont l'origine ne saurait être contestée.

Nous avons dit plus haut que le résidu sableux remplissant certains puits naturels de la craie peut provenir en partie des terrains de transport recouvrants qui s'y sont graduellement effondrés.

De même, les eaux d'infiltration, avant d'attaquer la craie, peuvent avoir traversé et oxydé un dépôt quaternaire ou autre, et s'être chargées, au sein de celui-ci, de particules limoneuses ou d'un résidu argilo-ferrugineux provenant de l'attaque de ce terrain superficiel, résidu qui se joint ainsi à celui résultant de la dissolution du dépôt calcaire.

Le croquis suivant (fig. 26) représente les données principales d'une coupe publiée par M. Van Horen [1] et dans laquelle on voit deux puits naturels x et y creusés dans la craie sénonienne du Brabant, dans un talus entre Jandrin et Wansin.

Le massif crétacé A est recouvert d'un dépôt d'âge indéterminé, passant vers le bas à un sable brun rougeâtre B ; tous les deux sont oxydés et décalcifiés ; le dernier seul pénètre dans les puits, comme en x. Ils sont séparés de la craie par un mince lit d'argile brune ferrugineuse a, qui suit toutes les irrégularités de la surface de la craie et borde les puits dans toute leur

[1] F. Van Horen, *Sur l'existence de puits naturels dans la craie sénonienne du Brabant* (Bull. Acad. royale des sciences de Belgique, 2ᵉ sér., t. XXX, nᵒ 7, 1870, p. 57).

étendue, les remplissant même entièrement lorsqu'ils sont de petite dimension, comme en *y*. D'après M. Van Horen, et suivant l'opinion exprimée par M. le professeur Dewalque, dans son rapport sur le travail de ce dernier,

FIG. 26.

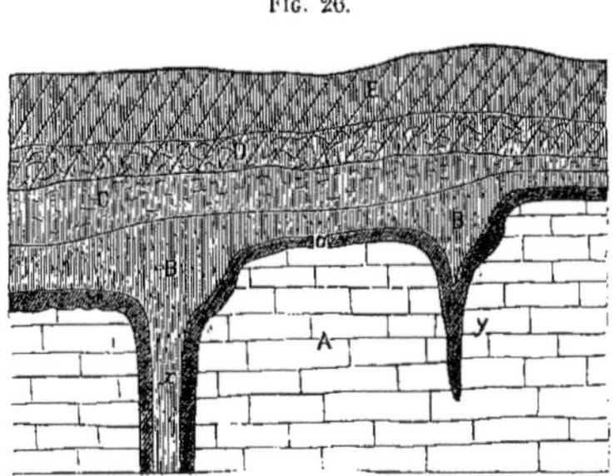

A Craie blanche traversée par les puits *x*, *y*.
B Sable rougeâtre oxydé se reliant au tufeau remanié C.
D, E Diluvium et limon quaternaire, altérés.

l'argile brune *a*, imprégnée de limonite, ne saurait être considérée comme le résidu laissé en place par la dissolution des couches superficielles C, D, E. M. Dewalque, dans son rapport, dit que « la formation de l'argile brune résulte de l'infiltration des eaux superficielles, qui arrivent à la craie, chargées de particules limoneuses en suspension, lesquelles s'arrêtent à la surface de la craie, roche infiniment moins perméable que les sables qui la recouvrent et y forment lentement la couche argileuse dont il s'agit, tandis que la craie est dissoute par l'acide carbonique. »

Tout en admettant, en partie, ce mode de production du résidu argileux *a*, nous croyons cependant le phénomène plus complexe. Suivant nous, la couche en question résulte, non-seulement de l'arrêt, causé par le filtrage mécanique des matières en suspension dans les eaux d'infiltration, mais encore et surtout de l'attaque de la roche crayeuse, dont les sels ferreux, oxydés et mis en liberté, en même temps qu'une certaine proportion d'argile, donnent naissance à ce résidu rougeâtre ferrugineux.

La couleur et les caractères lithologiques de la couche d'argile brune *a*, la proportion d'éléments ferrugineux qu'elle renferme et *son égal développement sur les surfaces horizontales et verticales*, sa puissance uniforme sur toutes les parois des puits qu'elle borde, sont autant de caractères montrant clairement la nature chimique de ses relations avec les surfaces qu'elle recouvre. Ces caractères seraient tout autres si l'argile brune *a* était produite par un phénomène mécanique de descente verticale.

Mais on pourrait toutefois admettre que les matières entrainées par les eaux d'infiltration se soient confondues avec le résidu de dissolution sur place et que la réunion de ces dépôts semblables, mais d'origines différentes, ait donné lieu au développement assez considérable de la couche argileuse qui recouvre la surface de la craie et tapisse les parois et le fond des puits.

En thèse générale, les zones d'altération qui, sous forme de filons verticaux ou obliques, traversent de haut en bas les roches calcaires mises à nu dans les talus, représentent, comme dans la figure 26, des coupes faites au travers de véritables puits, c'est-à-dire de poches allongées, plus ou moins cylindriques, s'enfonçant irrégulièrement et à des profondeurs variables au sein de la roche. Mais il n'en est pas toujours nécessairement ainsi.

Il peut arriver que la surface visible altérée représente la section transversale d'une zone étendue de sédiments altérés, se prolongeant le long d'une fente ou d'une fracture ayant donné naissance à la zone d'altération et qui aurait été rencontrée par le talus ou la coupe de terrain exhibant cette section.

Si les fentes ayant servi de centre d'attraction aux eaux d'infiltration et par conséquent aux phénomènes d'altération, s'enfoncent obliquement dans le dépôt calcareux, les zones d'altération paraîtront évidemment obliques dans la section du terrain. Elles s'y présenteront sous la forme apparente d'un « puits » oblique, sinueux et quelquefois bifide, brisé ou contourné suivant la direction et la disposition des fentes préexistantes ou bien suivant les diverses conditions de perméabilité des différentes parties d'un même dépôt.

La figure 27 représente, d'après Stanislas Meunier, des puits naturels remplis d'argile rouge traversant le calcaire grossier à Ivry et montrant l'irrégularité d'allures de ces poches.

On a observé en Angleterre, dans un dépôt crétacé *redressé*, une série de « puits » obliques situés les uns près des autres, tous parallèles entre eux, et qui n'étaient autre chose que les sections transversales de zones d'altération et de dissolution provenant de l'infiltration des eaux dans les joints de stratification du dépôt.

FIG. 27.

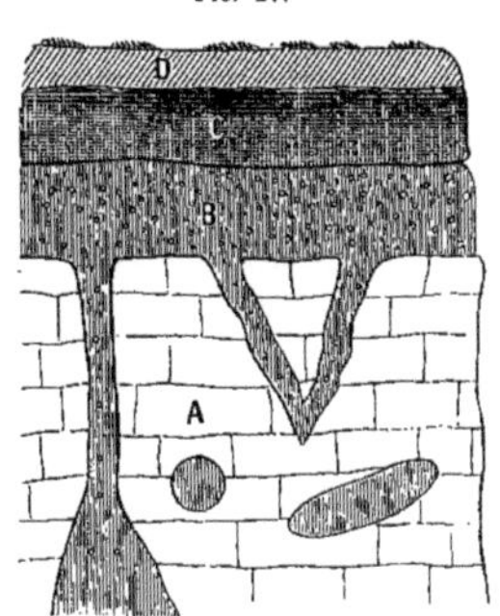

A Calcaire grossier traversé par des puits naturels.
B Argile rouge.
C et D Limon quaternaire et terre végétale.

De véritables puits cylindriques peuvent également prendre des formes irrégulières et sinueuses par suite de la variabilité des résistances que rencontre l'infiltration des eaux.

Une coupe verticale du terrain peut alors montrer des surfaces limitées d'altération formant des sections rondes ou ovales paraissant isolées au milieu des dépôts intacts. (Voir la figure 27 ci-dessus.)

Les formes bizarrement contournées de certaines poches d'altération des sables éocènes des environs de Bruxelles, surtout dans les couches inférieures, permettent de se rendre compte, par analogie et avec une extrême précision, de tous les cas de ce genre rencontrés dans les puits naturels de la craie.

Le meilleur moyen de s'assurer si un « puits naturel » est réellement une cavité cylindrique limitée, ou s'il représente la section transversale ou oblique d'un filon ou d'une zone étroite d'altération, se prolongeant au loin dans la masse du dépôt, consiste à vider de son résidu une certaine hauteur du « puits ». Si, après avoir enlevé le résidu, on rencontre une paroi circulaire ininterrompue formée par la roche intacte, on a évidemment alors affaire à une véritable poche produite par accroissement latéral et par approfondissements successifs.

La plupart des puits naturels observés dans les terrains crétacé, tertiaire, ou jurassique partent de la base du terrain quaternaire recouvrant. C'est assez dire que les phénomènes d'altération qui ont donné naissance à ces puits sont alors dus à l'infiltration d'eaux météoriques post-tertiaires.

Dans la craie, on a souvent reconnu que ces puits prennent naissance au fond de dépressions ou d'entonnoirs creusés dans la roche calcaire et remplis par les galets et les cailloux roulés du diluvium quaternaire.

Il importe peu que ces entonnoirs proviennent eux-mêmes d'érosions mécaniques à la surface de la craie, antérieures au dépôt quaternaire, ou bien qu'ils soient le résultat d'une ablation produite par les phénomènes chimiques de dissolution. Suivant toute apparence, les deux causes ont agi simultanément, mais ce qui est bien certain, c'est que ces entonnoirs, de même que toutes les dépressions de la surface de la craie, ont servi et servent encore actuellement de centres d'attraction et de réceptacles aux eaux météoriques.

Des dépressions, insignifiantes d'abord, ont pu, par suite des phénomènes de dissolution, s'agrandir et s'étendre. Les eaux atmosphériques s'accumulant sans cesse et depuis des siècles dans les cavités préexistantes ou en voie de formation et se rassemblant constamment vers le centre de celles-ci, ont fini, en dissolvant peu à peu le calcaire sous-jacent, par se frayer des chemins représentés par ces puits ou orgues géologiques. Il est à noter que plusieurs de ces puits, très-profonds et très-anciens, servent d'écoulement aux eaux du sol, qui peuvent ainsi atteindre, dans le sein de la terre, des couches plus perméables, où elles se répandent en nappes souterraines.

On a remarqué que les puits naturels sont plus rares dans les couches sableuses que dans les dépôts calcaires compactes. C'est une conséquence toute naturelle de la facilité d'imprégnation des dépôts meubles, dont la masse se laisse traverser d'une manière plus uniforme et plus aisée par les eaux d'infiltration, qui ne doivent pas s'y creuser lentement et graduellement des conduits spéciaux d'écoulement.

De même, les *puits naturels* de la craie, qui représentent des phénomènes *localisés* d'infiltration et d'altération des roches crayeuses, s'observent surtout dans les régions où la surface de celles-ci se trouve généralement protégée ou recouverte par des dépôts imperméables, tandis que *l'argile à silex*, qui représente un phénomène *général* d'altération, est surtout développée dans les contrées où toute la surface de la craie a été ou est encore directement soumise à l'influence des agents météoriques.

Avant de terminer les considérations relatives aux puits naturels, nous ferons remarquer que des phénomènes analogues à ceux produits par l'infiltration des eaux superficielles depuis le dernier retrait des eaux de la mer, ont également dû avoir lieu à des périodes continentales antérieures. C'est pourquoi l'on peut parfaitement rencontrer dans le sein de l'écorce terrestre des puits naturels anciens, ne recevant plus les eaux d'infiltration auxquelles ils ont servi de conduits d'écoulement pendant d'anciennes phases d'émersion. Ces puits aboutissent alors vers le haut à d'anciens dépôts terrestres, à moins que des dénudations postérieures à leur formation n'aient fait disparaître ces dépôts continentaux.

Ce sont là des cas analogues, dans leurs relations avec le terrain environnant, à celui des argiles à silex anciennes que l'on trouve, surmontant la craie, sous des dépôts tertiaires imperméables ou non traversés par les infiltrations actuelles.

Lorsque, par suite d'infiltrations intenses et prolongées, la dissolution du carbonate de chaux s'est opérée sur une grande échelle, dans un dépôt de craie traversé par des bancs réguliers et nombreux de silex, on observe parfois au-dessus de la craie des zones épaisses ou des poches localisées, d'où le calcaire a entièrement disparu et où les rognons de silex, pressés les uns contre les autres, forment des accumulations parfois considérables, qu'au premier abord on serait tenté d'attribuer à un puissant phénomène de dénudation et de ravinement. Des observateurs non prévenus y ont été trompés, bien qu'il suffise d'un examen attentif pour s'assurer aisément que l'on se trouve en présence d'une simple apparence de remaniement, due à la dissolution de la gangue crayeuse des rognons de silex et au tassement de ceux-ci en amas, dont les éléments sont parfaitement intacts et non roulés.

Avec un peu d'attention, on peut même retrouver dans la série verticale des silex ainsi accumulés les caractères différentiels qui distinguent généralement les zones superposées de bancs de silex en place dans les dépôts crayeux intacts.

Sous l'influence des agents météoriques et surtout de l'infiltration des eaux pluviales, certaines roches calcaires argileuses se transforment peu à peu en dépôts meubles, favorables à la culture. Parmi les modifications qu'ont alors subies ces dépôts, on remarque invariablement, dans les analyses qui ont été faites, la dissolution ou tout au moins la diminution considérable du carbonate de chaux et l'oxydation des éléments ferreux changés en hydrate ferrique, imprégnant et colorant le résidu décomposé de la roche.

La marne, soumise aux phénomènes d'infiltration, s'altère d'une manière très-sensible, surtout lorsqu'une certaine quantité de particules finement sableuses la rend assez facilement perméable.

Nous avons eu l'occasion, à diverses reprises, de constater d'intéressants phénomènes d'altération dans les marnes pliocènes du midi de la France et de l'Italie.

Les marnes bleues, qui représentent dans ces contrées un horizon pliocène très-étendu et bien défini, sont ordinairement recouvertes d'une zone jaunâtre, sableuse, paraissant, le plus souvent, constituer un dépôt distinct des marnes bleues sous-jacentes. En certains points, cette zone paraît même avoir été confondue, surtout lorsque les fossiles y font défaut, avec les dépôts d'un horizon pliocène supérieur : les sables jaunes astiens.

Nous avons aisément pu reconnaître que le sable argileux jaunâtre surmontant les marnes bleues ne représente le plus souvent autre chose que la zone superficielle altérée de celles-ci, dont le carbonate de chaux est dissous en tout ou en partie et dont les sels ferreux, oxydés, imprègnent le dépôt de leur coloration jaunâtre. Les coquilles de la zone altérée sont friables, décomposées ou bien tombent en bouillie; parfois elles sont entièrement dissoutes et il n'en reste alors, dans les sables un peu concrétionnés, qu'un moulage absolument vide. Lorsque l'altération est moins intense, les fossiles peuvent rester en assez bon état au milieu des sables marneux oxydés et jaunis.

Il est à remarquer que la zone superficielle altérée de ces marnes pliocènes se présente à peu près partout avec la même épaisseur : la partie restée intacte et bleuâtre du dépôt marneux varie seule d'épaisseur. Dans les localités où les couches pliocènes sont extrêmement amincies par le fait de dénudations ultérieures, la zone jaunâtre n'en persiste pas moins et forme invariablement le sommet du dépôt marneux ; parfois même la zone bleuâtre disparaît et se trouve entièrement remplacée par les sables marneux jaunâtres et oxydés. Cette circonstance qui, de même que l'identité des éléments fauniques dans les deux dépôts, s'oppose entièrement à l'hypothèse de deux couches distinctes, est la conséquence du processus des phénomènes d'infiltration ayant affecté partout une épaisseur constante de ces dépôts homogènes et suffisamment compactes.

A ce sujet, on ne peut s'empêcher d'espérer qu'un jour peut-être, lorsque des expériences auront été faites pour calculer le temps nécessaire pour effectuer l'altération d'une épaisseur donnée de ces marnes pliocènes, il sera possible d'obtenir, à l'aide de cette base naturelle, l'évaluation approximative du temps qui s'est écoulé depuis l'émergence des dépôts pliocènes jusqu'à nos jours. Peut-être aussi que des séries de résultats de ce genre, judicieusement choisis, permettront un jour aux géologues de déterminer avec plus de précision qu'aujourd'hui la durée probable de la période quaternaire ? Il y a là, en tout cas, un curieux champ d'étude à explorer, mais que nous nous bornerons simplement à indiquer.

ANNEXE.

LES INFILTRATIONS DANS LES DÉPÔTS QUATERNAIRES.

Nous avons dit, en terminant le chapitre relatif aux roches argileuses, que nous comptions reporter, après l'étude des phénomènes d'altération dans les terrains calcaires, tout ce que nous avions à dire des dépôts quaternaires.

Ces dépôts, par le fait même de leur superposition au-dessus de tous les autres, constituent la nappe superficielle par excellence et doivent être le siége de phénomènes d'infiltration plus intenses et plus généraux que dans les autres terrains de l'écorce terrestre. On peut donc à priori admettre qu'ils ont subi des altérations considérables, et cela sous tous les facies lithologiques qu'ils présentent et dans les diverses contrées dont ils recouvrent le sol.

C'est la variabilité très-grande de leurs éléments constitutifs qui nous a empêché de rattacher l'étude des terrains quaternaires au chapitre des roches argileuses ou calcaires. Ces terrains forment un groupe naturel et important, au point de vue de l'étude des phénomènes d'altération par infiltration, et bien que nous n'ayons fait porter nos recherches que sur deux de leurs types : le limon hesbayen de Belgique et le diluvium du bassin de Paris, l'exposé des résultats acquis sera, croyons-nous, suffisant pour montrer l'importance du champ d'investigation qui s'ouvre ici devant l'observateur. Ainsi se trouvera en même temps justifiée l'adjonction de cette annexe aux chapitres précédents, conçus sur un plan un peu différent.

Nous nous occupons d'abord du LIMON HESBAYEN.

On sait que ce dépôt, qui recouvre le sol ondulé d'une grande partie de la moyenne Belgique, à gauche de la vallée de la Meuse, s'étend également dans une vaste région comprenant une partie des Pays-Bas et de la Prusse rhénane. Cette couche superficielle, connue aussi sous le nom de *loess, lehm* ou limon quaternaire, se retrouve encore sur les plaines et les coteaux d'une grande partie de la région nord et nord-est de la France, comprenant la Beauce, la Brie, la Normandie, la Picardie, l'Artois et les Flandres. Ce limon quaternaire, qui se retrouve encore en d'autres contrées, est remarquable par la constance de ses caractères et l'homogénéité de sa composition. Partout il recouvre comme d'un manteau toutes les ondulations du sol et, surmontant tous les autres dépôts de ces diverses régions, il n'est jamais recouvert par aucun autre.

Étant données, d'une part, la situation de ce dépôt ainsi que sa composition, et, d'autre part, l'influence spéciale des eaux d'infiltration, on doit s'attendre à rencontrer dans le limon les traces des phénomènes d'altération si généralement constatés dans les couches superficielles de l'écorce terrestre.

Or, si nous examinons la composition du limon quaternaire dans les diverses contrées qu'il recouvre, nous voyons que partout on y a constaté deux masses, considérées par la plupart des géologues comme étant d'origine et d'âge différents.

L'étage inférieur, reposant, soit sur le diluvium quaternaire à gros éléments, soit sur des terrains plus anciens, est constitué par un limon fin et cohérent, légèrement stratifié, surtout vers la base du dépôt, plus sableuse que le sommet, où prédomine l'argile. Outre une forte quantité de calcaire pulvérulent, le limon contient ordinairement des concrétions calcaires dispersées dans sa masse ou irrégulièrement alignées. Sa coloration est d'un brun jaunâtre assez clair.

En fait de restes organiques ou fossiles, le limon renferme surtout des coquilles terrestres et fluviatiles des genres : *Helix, Succinea, Pupa,* etc.; on y trouve aussi des ossements, mais plus rarement que dans le diluvium sous-jacent, à gros éléments. De plus, ils y sont épars et à l'état remanié.

Au-dessus du limon calcareux, on a reconnu, dans toutes les contrées où le loess se rencontre, l'existence d'une mince zone recouvrante, à éléments fins et argileux, et entièrement dépourvue de matières calcaires et de fossiles.

Cette zone superficielle est variable dans sa nuance, mais elle est généralement d'un brun foncé rougeâtre, coloration qui contraste parfois vivement avec la teinte plus claire et jaunâtre du limon calcarifère sous-jacent.

Tandis que le loess ou limon calcaire présente un développement souvent très-considérable et atteint, comme en Allemagne, par exemple, plusieurs centaines de pieds d'épaisseur, la zone argileuse supérieure offre partout une épaisseur singulièrement constante, atteignant généralement 2 mètres, et ne dépassant jamais 3 mètres au maximum. Partout aussi, on a remarqué que le limon supérieur argileux est en relation telle avec les ondulations du sol, que sa surface de contact avec le limon calcareux est généralement parallèle à la surface du sol. Lorsque le dépôt quaternaire a moins de $1^{m},50$ à 2 mètres d'épaisseur, la zone calcareuse fait presque toujours défaut et la zone argileuse brunâtre — autrement dit la terre à brique — est seule présente.

La figure 28, qui représente une coupe relevée par M. A. Rutot dans les travaux de Wyngaerdberg, à Saint-Josse-ten-Noode, près Bruxelles, montre clairement les différences d'allures des deux zones du limon quaternaire, ainsi que la constance d'épaisseur de la zone supérieure. Cette coupe a été prise entre la rue du Cardinal et l'avenue de la Renaissance, longeant l'ancienne Plaine des manœuvres.

La figure 6 de la planche rend également compte du parallélisme existant entre la zone de limon brun ou supérieur et la surface du sol.

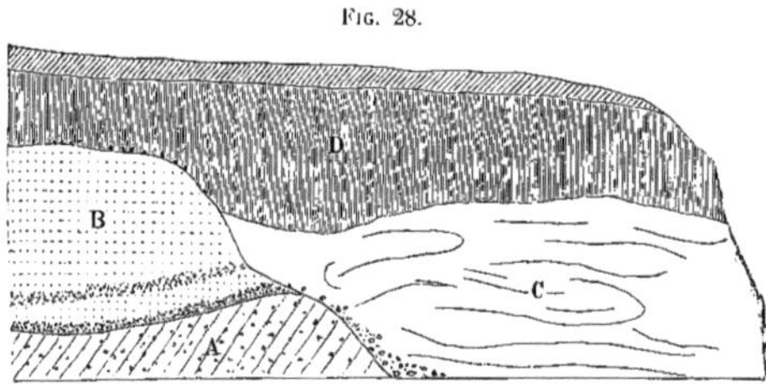

FIG. 28.

A Sables laekeniens.
B Sables wemmeliens.
C Limon calcarifère jaunâtre ($2^{m},50$ d'épaisseur).
D Limon décalcifié, brun et argileux (2 m. d'épaisseur).

De l'ensemble des faits qui viennent d'être exposés, il résulte clairement
que les relations des deux zones du limon sont celles des parties normales et
des parties altérées d'un même dépôt, et, après ce que nous avons déjà dit
du métamorphisme par infiltration, on saurait difficilement douter encore
que la mince zone décalcifiée qui recouvre le limon calcaire soit autre chose
que le résidu altéré sur place de la partie supérieure du limon calcaire.

Cela est d'ailleurs si évident pour l'observateur attentif que déjà, avant
nous, des géologues, n'ayant pas reconnu l'importance du phénomène d'altération des dépôts superficiels par les eaux météoriques, mais ayant soigneusement étudié les dépôts quaternaires, ont reconnu le fait que nous venons
d'énoncer. Ils ont parfaitement compris que la production du limon supérieur rougeâtre et décalcifié ne pouvait être due qu'à l'action dissolvante
et oxydante des eaux d'infiltration chargées d'acide carbonique sur le
limon calcareux, qui primitivement formait toute la masse du dépôt quaternaire.

Cette opinion n'a malheureusement pas prévalu, ce qui nous engage à
signaler rapidement quelques faits montrant la parfaite exactitude de la thèse,
qu'après MM. Koechlin-Schlumberger [1], Van Horen [2] et d'autres encore,
nous défendons aujourd'hui. Ces exemples serviront surtout à expliquer certaines contradictions apparentes que l'on a cru pouvoir opposer à l'identité
d'origine des deux zones du limon quaternaire.

Sans insister davantage sur la constance signalée tantôt dans l'épaisseur
et dans l'allure de la zone supérieure argileuse, sur l'absence presque absolue
d'éléments calcaires ainsi que de fossiles dans ce dépôt, sur sa coloration brunâtre ou rougeâtre, indice ordinaire de l'hydratation des sels ferreux, nous
rappellerons cependant que ce sont bien là tous les caractères d'un dépôt
altéré. Quant à la présence constante dans le limon argileux de l'agent habituel
d'altération, l'eau d'infiltration, elle ne peut être contestée. Qui n'a remarqué,
en effet, au-dessus du loess (lehm ou ergeron) jaunâtre, toujours sec et friable
sous la pression du doigt, la zone humide que forme au-dessus de lui la

[1] *Bull. Soc. géol. de France*, 2ᵉ sér., t. XVI.

[2] F. Van Horen, *Note sur quelques points relatifs à la géologie de Tirlemont* (Bull. Acad.
royale des sciences de Belgique, 2ᵉ sér., t. XXV, p. 645).

couche argileuse ! Pour se convaincre de la présence de l'eau à ce niveau, il suffit d'ailleurs de faire une expérience bien simple.

On prendra, dans une coupe de terrain exhibant les deux « zones » du limon quaternaire, des échantillons de chacune d'elles et on les pèsera avec soin. On les laissera sécher et, au bout d'un laps de temps suffisant, on pèsera de nouveau. Se représentant ensuite muni des échantillons devant la même coupe, on les comparera avec les sédiments restés en place.

Le limon calcareux n'aura pas changé de poids ni de couleur, tandis que le limon supérieur argileux montrera clairement, par le poids perdu et par sa différence d'aspect avec le dépôt correspondant resté en place, la forte proportion d'eau qui s'y trouvait infiltrée.

Or, après tout ce que nous avons dit de l'énergie des eaux d'infiltration, il suffit de constater leur présence dans un dépôt superficiel oxydé et privé de calcaire, pour ne plus pouvoir conserver de doute sur son origine chimique.

On notera qu'en été et pendant les longues sécheresses il sera toujours moins aisé de s'apercevoir de la présence de l'eau d'infiltration dans le limon supérieur : mais alors on remarquera, par contre, que le contact du limon argileux avec le limon calcareux devient moins net; une zone de transition insensible paraît alors les relier l'un à l'autre : fait absolument impossible à concilier avec la thèse de deux dépôts distincts superposés l'un à l'autre.

En hiver, au contraire, et pendant la saison des pluies, la ligne de séparation s'accentue et tend à s'abaisser dans les coupes ou talus montrant les deux zones du limon.

C'est encore, comme l'a fait remarquer M. Van Horen, à l'humidité contenue dans le limon argileux qu'est due la production, par la gelée, de ces arborisations de glace qui, en hiver, couvrent la surface des coupes pratiquées dans le limon argileux et qui manquent complétement dans le limon calcareux. Le même observateur ajoute que c'est aussi l'humidité du limon argileux qui attire les lombricides, qui y pénètrent si généralement, tandis qu'ils ne s'enfoncent jamais dans le limon calcareux, quelle que soit sa distance du sol.

Un ou deux cas ont été portés à notre connaissance dans lesquels le limon inférieur était au moins en partie manifestement imprégné d'humidité. Mais ce limon reposait alors sur une couche tertiaire perméable peu épaisse, surmontant elle-même un lit argileux imperméable. C'était la nappe souterraine imbibant le dépôt tertiaire perméable qui venait humecter par-dessous le limon inférieur.

Comme les eaux souterraines sont en grande partie privées de leurs gaz oxydants et dissolvants, par le fait même de leur infiltration et de leur séjour prolongé dans le sol, elles ne peuvent faire subir aux dépôts calcaires qu'elles rencontrent les mêmes altérations que les eaux superficielles d'infiltration chargées de gaz, sans cesse renouvelées et entraînées au travers des dépôts de la surface.

Les eaux souterraines peuvent cependant donner lieu à des phénomènes de décalcification assez sensibles, comme le montre l'observation suivante, faite par M. J. Ortlieb dans le département du Nord : « J'ai constaté récem-
» ment, dit cet excellent observateur [1], dans le limon de Croix, épais de
» $2^m,50$, l'absence aussi complète du calcaire dans le bas que dans le haut
» de l'assise, tandis que la partie moyenne était formée d'une masse calca-
» reuse, différente de l'ergeron normal [2], chargée de petits nodules de
» calcaire concrétionné. En ce point, le limon repose sur l'argile tertiaire
» compacte. On est donc fondé à penser que l'eau souterraine du niveau
» d'eau déterminé par la couche imperméable possède parfois la même action
» chimique que l'eau pluviale [3]. »

M. Koechlin-Schlumberger [4], voulant expliquer l'origine des rognons calcaires si constants dans le limon calcaire ou loess, a tenté d'établir que, par suite de l'action des eaux d'infiltration, le calcaire de la zone supérieure du limon a été dissous et entraîné dans les strates inférieures, où il aurait formé, par concrétionnement, les rognons et les cylindres de calcaire.

[1] *Ann. Soc. géol. du Nord*, t. VI, 1878-79, p. 310.

[2] « Différente... par un commencement d'oxydation des sels ferreux, » nous écrit M. Ortlieb, dans une lettre développant l'idée contenue dans ce membre de phrase, un peu obscur, et qui pouvait être interprété différemment.

[3] J. Ortlieb, *Réponse à la Note de MM. Rutot et Van den Broeck : Quelques mots sur le quaternaire* (Ann. Soc. géol. du Nord, t. VI, 1878-79, p. 310).

[4] *Loc. cit.*

M. Van Horen réfute cette opinion en faisant remarquer que la séparation assez nette existant entre les deux zones du limon indique que les infiltrations n'ont pu traverser la masse du dépôt quaternaire pour former jusqu'à sa base les rognons qu'il contient. Cet observateur signale en outre l'impossibilité d'admettre que l'enlèvement du calcaire dans 2 ou 3 mètres de limon pût suffire à produire le volume considérable de matières calcaires représenté par les rognons du limon inférieur, souvent très-épais.

Tout en reconnaissant la valeur de ces arguments, on pourrait cependant admettre une certaine relation entre les deux phénomènes, en ce sens que, chargées de sels calcaires, les eaux descendues de la zone supérieure auraient pu, dépourvues alors de leurs propriétés oxydantes et dissolvantes, s'infiltrer dans la masse calcarifère sous-jacente sans y opérer aucune action de décomposition. Elles auraient pu, aussi, vers la base du dépôt calcarifère, provoquer ou bien simplement accentuer, par le fait d'une saturation de l'élément calcaire, un phénomène d'attraction et de déplacement moléculaire comparable, sinon identique, à celui qui a produit les grès des terrains sableux, les rognons de silex de la craie, les phtanites du terrain houiller. Le phénomène de concrétionnement du limon calcaire a sans doute commencé à s'effectuer antérieurement à l'établissement du régime des altérations par infiltration, lesquelles se seront bornées à n'avoir eu sur ce phénomène qu'une simple influence accélératrice.

Les observateurs qui voient dans l'ergeron et dans le limon supérieur deux dépôts distincts, signalent, outre les différences d'aspect et de composition de ces couches, une ligne de démarcation stratigraphique qui, disent-ils, bien que difficile à retrouver partout, apparaît parfois très-nettement indiquée par des lits de galets et de cailloux ou par des surfaces indiscutables de dénudation et d'affouillement.

Ces observateurs, avant de déterminer et de définir la nature des relations et l'aspect du contact entre l'ergeron et le limon supérieur, devraient d'abord se demander si les coupes où ils ont noté des lits séparatifs de cailloux, etc., représentaient bien en réalité le « limon supérieur » *in situ*.

L'étude raisonnée des phénomènes quaternaires et modernes d'alluvionnement et un examen attentif des conditions locales leur prouveraient aisément, que la présence de lits de cailloux ou de surfaces réellement ravinées à la base du limon brun ou supérieur provient généralement, M. Rutot et nous l'avons constamment reconnu sur tous les points où nous avons étendu nos recherches, de l'une des trois causes suivantes :

1° Lorsque l'épaisseur du limon quaternaire ne dépasse pas 2 ou 3 mètres, la masse tout entière du dépôt est souvent infiltrée et changée en terre à briques.

Ce cas se présente très-fréquemment et les cailloux de la base du limon calcareux paraissent alors former la base de la « terre à briques », tandis qu'ils représentent en réalité les cailloux de la base du limon quaternaire.

(Voir comme illustration de ce cas l'extrémité gauche de la figure 27.)

2° La plupart des limons des vallées, bien qu'ayant conservé l'aspect et les propriétés du limon quaternaire des plateaux, ne sont pas *in situ*. Ils ont été déposés par les phénomènes d'alluvionnement des époques quaternaire et moderne, qui ont affouillé, remanié et déposé à nouveau les divers éléments préexistants des dépôts quaternaires ou plus anciens, aux dépens desquels ils sont formés.

La présence de lits de cailloux dans ces limons de lavage et dans ces alluvions d'âges divers n'a aucune signification dans la question des caractères stratigraphiques du limon quaternaire.

Des cailloux, suivis de limons argileux, peuvent avoir été entraînés par les eaux courantes et déposés au-dessus de l'ergeron normal ou au-dessus d'autres limons, dans le fond ou sur les flancs des vallées, sans que ce fait ait plus d'importance ou de signification que tous les autres phénomènes locaux d'alluvionnement et de sédimentation fluviale.

Nous renverrons, pour de plus amples détails, à la notice récemment publiée par M. Rutot et nous sur *Les phénomènes post-tertiaires en Belgique, dans leurs rapports avec les dépôts quaternaires et modernes* [1].

3° La grande facilité que possède le limon argileux à se laisser entraîner mécaniquement et à s'étendre en nappes remaniées, sous l'action des eaux pluviales ou d'agents physiques analogues, explique encore la fréquence du

---

[1] *Ann. Soc. géol. du Nord*, t. VII, 1879-80, p. 53. Voir aussi, par les mêmes : *Quelques mots sur le quaternaire*, idem, t. VI, 1878-79, p. 215.

déplacement de la terre à briques et la production d'apparences trompeuses de démarcations stratigraphiques au sein du limon quaternaire.

Par suite d'entraînements et d'épanchements causés par les pluies et par le ruissellement des eaux superficielles, le limon argileux remplit très-souvent les dépressions et les anfractuosités du sol, formé, soit par la surface de l'ergeron normal, soit par une couche de limon altéré, reposant sur celui-ci. Dans ce dernier cas, le remaniement produit peut introduire des galets épars ou bien disposés en lits dans le sein du dépôt limoneux ainsi formé, resté *in situ* dans le bas et remanié vers le haut.

Attacher quelque importance à des faits de ce genre serait vouloir tirer des conséquences géologiques de la superposition, souvent constatée, du limon argileux sur la tourbe récente, ou sur un sol renfermant des vestiges de civilisation, ou bien encore, comme cela a été signalé dans le Hainaut, sur des fondations d'habitations de l'époque romaine.

En résumé, nous pouvons affirmer que les lits de galets ou de cailloux qui ont été signalés à la base ou dans la masse du limon argileux ont la signification indiquée par l'une des trois causes qui viennent d'être mentionnées ou bien toute autre analogue [1], et nous en conclurons que l'argument tiré de la présence de cailloux dans le limon argileux est absolument impuissant à combattre la thèse de la formation chimique de la « terre à briques ».

Dans la grande majorité des cas, le limon brun argileux ou supérieur est séparé du limon jaune calcaire par une ligne de démarcation horizontale ou ondulée, paraissant au premier abord nettement tranchée. Mais il suffit d'examiner de près une coupe fraîche pour se convaincre que cette prétendue ligne de démarcation n'existe qu'en apparence; elle est due surtout à la différence de teinte donnée au dépôt supérieur par la présence de l'humidité qui l'imprègne, ainsi que par l'oxydation des sels ferreux qui ont en quelque sorte rouillé le dépôt, privé en même temps de ses éléments calcaires blanchâtres.

---

[1] Si, par exemple, il était constaté que l'ergeron lui-même ou limon calcaire, contint en une région donnée des cailloux, il n'y aurait rien que de très-naturel à retrouver ceux-ci dans le sein du limon décalcifié ou changé en terre à briques; mais alors ces cailloux seraient épars ou disposés en lits à des niveaux quelconques. Ils ne formeraient nullement un *niveau séparatif* entre l'ergeron calcaire et le limon argileux.

Un examen attentif montre qu'il existe toujours entre l'ergeron et le limon supérieur *in situ* une transition insensible (voyez fig. 29 *a*).

L'épaisseur seule de cette zone mixte varie : elle dépend de la quantité d'humidité absorbée, de la proportion d'argile ou de sable existant dans le limon suivant la hauteur du point attaqué. Enfin, une même section de terrain peut montrer, suivant les saisons, des variations sensibles dans l'épaisseur de cette zone de passage ainsi que dans son accentuation.

On ne saurait nier que le fait incontestable de la transition insensible si fréquemment observée entre les deux zones du limon ne soit une preuve sérieuse de leur origine commune; mais une démonstration plus décisive encore est fournie par ce fait capital que cette transition apparaît invariablement là où le limon quaternaire n'a pas été remanié par les phénomènes d'alluvionnement postérieur ou de glissement, c'est-à-dire sur les plateaux.

Jamais en effet nos contradicteurs n'ont pu nous montrer des lits de cailloux, ou d'autres indices de séparation stratigraphique réelle, entre les deux zones du limon observées sur les plateaux que n'ont point recouverts et remaniés les cours d'eaux quaternaires ou modernes et dont la disposition topographique n'admet pas de phénomènes de glissement.

Le limon calcaire ou ergeron est friable et finement sableux, tandis que le limon supérieur contient une forte proportion de matières argileuses. On a opposé ce résidu argileux à la thèse de l'origine chimique du limon supérieur, en faisant observer qu'un phénomène d'altération par décalcification et oxydation d'un dépôt calcaréo-sableux ne saurait donner lieu à la production d'une aussi grande quantité d'argile.

Cette objection serait sérieuse si l'ergeron représentait un dépôt homogène dans toute sa masse. Mais il en est autrement, car l'on sait en effet que l'ergeron, fortement sableux vers sa base, devient de plus en plus fin et meuble en montant, et se charge de fines particules argileuses, qui augmentent à mesure que l'on se rapproche du sommet.

Or, la zone superficielle, celle généralement altérée, est précisément constituée par l'accumulation des particules les plus fines et les plus argileuses du limon quaternaire. L'argile qu'on y constate ne dérive donc pas seulement du processus d'altération — qui n'a qu'une action restreinte à ce point de vue — mais surtout de la constitution normale du sommet du dépôt.

La preuve décisive de ce que nous avançons à cet égard résulte de ce fait, toujours facile à vérifier et déjà signalé par nous ailleurs [1], que « lorsque, par suite de l'ablation du sommet de l'ergeron, le phénomène d'altération atteint les zones moyenne ou inférieure du limon calcaire, ces parties du dépôt, transformées en terre à briques, tout en ayant l'aspect et la couleur du « limon supérieur » sont infiniment plus sableuses et contiennent une proportion moindre de matières argileuses. Cela est tellement vrai que les briquetiers ne sont pas alors obligés d'y ajouter du sable, comme ils le font ordinairement lorsque la terre à briques qu'ils exploitent est formée aux dépens du sommet plus argileux du dépôt. »

« Il est donc bien entendu, ajoutions-nous encore, que lorsque nous disons que la terre à briques représente le résidu altéré de l'ergeron, nous avons en vue la partie de celui-ci qui a été modifiée et non celle sous-jacente, d'autant plus différente dans ses proportions d'argile et de sable qu'on s'éloigne davantage du sommet du dépôt. »

Continuons à rencontrer les objections qu'à soulevées la thèse de l'origine chimique du limon supérieur; nous verrons qu'aucune d'elles ne se maintiendra devant l'exposé rationnel des conséquences du phénomène.

Les observateurs qui se sont occupés des relations du limon supérieur avec le limon calcareux ont diversement décrit les apparences de la prétendue ligne de contact des deux dépôts.

Alors que les uns, qui parfois aussi y observaient des lits de cailloux, mentionnaient cette ligne de contact comme indiquant une surface tourmentée et érodée par de véritables ravinements (voir fig. 29 *b*), d'autres y voyaient une ligne de démarcation à peine sinueuse et d'autres encore trouvaient cette ligne parfaitement horizontale ou bien parallèle aux ondulations et aux mouvements du sol (voir fig. 29 *a*).

Faisant abstraction des cas, très-fréquents, mais localisés dans les vallées et dans les plaines basses, de glissement et de remaniement alluvial, ayant

---

[1] Rutot et Van den Broeck, *Les phénomènes post-tertiaires en Belgique*, etc. (Ann. Soc. Géol. du Nord, t. VII, 1879-80).

souvent donné naissance aux premières de ces apparences, il reste établi que
des allures réellement différentes existent dans la ligne de séparation des
deux zones du limon quaternaire.

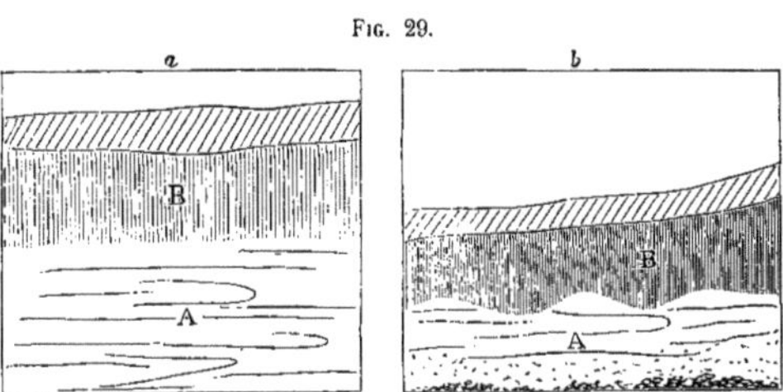

Fig. 29.

A Limon jaunâtre calcarifère.   B Limon argileux brun.
Dans la coupe *a* la séparation des deux zones se trouve vers le haut du limon quaternaire; dans la coupe *b*
cette séparation se rapproche du bas de la couche, seul représenté dans cette coupe.

D'où cela provient-il? D'une cause bien simple, que le raisonnement et
l'expérience font aisément reconnaître.

Nous avons vu tantôt les éléments constitutifs du limon quaternaire
classés dans ce dépôt par ordre de densité, comme dans tout dépôt formé
par des eaux courantes diminuant peu à peu de volume et de rapidité.

Les sables, les gros grains de glauconie et de sels ferreux, les particules
grossières et pesantes se trouvent accumulés vers le bas et vers les parties
moyennes du dépôt, tandis que les éléments fins et argileux se trouvent
réunis au sommet. Mais, du fait même de cette disposition, qui est constante partout où s'observe le limon quaternaire, est résultée une difficulté
considérable dans l'attaque du limon et une égalité très-grande dans la
marche générale du phénomène.

L'infiltration des eaux superficielles a dû être fortement contrariée par la
compacité et par la résistance que présentait le sommet argileux du limon;
et telle est aussi la raison pour laquelle la zone altérée ou limon supérieur
n'a, dans aucune région, en aucun point connu, pu dépasser 3 mètres [1],
quelle que soit d'ailleurs l'épaisseur du loess ou ergeron.

[1] Si, par suite d'expériences continuées pendant un certain temps, on pouvait apprécier
l'épaisseur moyenne de la mince couche d'ergeron transformée en limon brun après un nombre

C'est aussi par suite de l'imperméabilité de l'ergeron qu'une faible épaisseur de celui-ci suffit à remplir, au-dessus de sédiments meubles, le rôle de manteau protecteur; les infiltrations ne peuvent alors atteindre les couches sous-jacentes.

Rappelons encore à ce sujet le remarquable exemple indiqué page 28 et illustré par la figure 1 de la planche, à propos de la présence de l'ergeron ou limon calcaire sur la rive gauche de la Senne, à Bruxelles.

Sur la rive droite, le limon, rare et peu épais, a été partout infiltré et changé en terre à briques x' dans toute son épaisseur. Sur la rive gauche, ce dépôt, plus épais et mieux développé, montre le plus souvent sa base intacte et calcarifère x ayant protégé, concurremment avec l'argile glauconifère C, les sables calcarifères laekeniens et wemmeliens D et E dans la plus grande partie de leur masse.

Si les couches A' et B' du sommet des hauteurs de la rive gauche ont été altérées, malgré la présence parfois constatée de la couche protectrice x, cela provient de ce que le limon n'étant pas continu au sommet de ces couches, les infiltrations verticales ont pu se propager dans ces sédiments, exposés en de nombreux affleurements à l'influence des agents météoriques.

Les rares points de la rive gauche où les sables laekeniens et wemmeliens se montrent altérés, comme en D' et E', sont ceux où l'argile glauconifère ou bien le limon quaternaire n'ont plus l'épaisseur nécessaire pour jouer le rôle d'agents protecteurs.

M. Chelloneix, combattant nos vues sur l'origine chimique du limon supérieur, dit que pour les admettre il faudrait retrouver à la base de la terre à briques une certaine irrégularité d'allures et quelque accident analogue aux poches d'altération des sables éocènes; il ajoute que l'on devrait constater dans la terre à briques une proportion décroissante, du sommet vers la base, de l'élément calcareux.

déterminé d'années, ne pourrait-on pas, en tenant également compte de la résistance plus grande offerte par le sommet très-argileux du dépôt, arriver à se faire une idée de la durée approximative de la période employée par les eaux d'infiltration pour changer en terre à briques la mince couche superficielle de limon infiltré si uniformément constatée sur toute l'étendue de la nappe quaternaire? Le phénomène d'altération du limon nous fournira peut-être ainsi le chronomètre naturel du temps écoulé depuis le phénomène géologique ayant donné naissance au limon quaternaire.

C'est là une appréciation erronée. Les eaux d'infiltration ne donnent lieu à la production de poches irrégulières d'altération que dans les dépôts peu homogènes dans leur composition ou très-facilement perméables, ou bien encore laissant pénétrer les eaux par des points locaux (failles, crevasses, joints de stratification) : témoin les poches et zones altérées des roches calcarifères meubles et les puits naturels, etc., de la craie et des terrains analogues. Mais dans des sédiments compactes et homogènes, comme le sont ceux de la partie supérieure du limon quaternaire, il n'en peut être de même.

Dans un pareil milieu, la lenteur et l'uniformité du processus d'altération deviennent les causes naturelles de la régularité constatée dans la ligne séparative des zones altérées et normales du dépôt.

Si, dans toutes les plaines comprises entre la Westphalie et la Normandie, l'accumulation des siècles qui se sont succédé depuis le dépôt du limon quaternaire qui les recouvre n'a permis aux eaux d'infiltration d'atteindre qu'environ 2 ou 3 mètres de l'épaisseur du dépôt, il serait profondément illogique de vouloir retrouver en même temps, au sein de celui-ci, des poches inégales et irrégulières, comme celles qui se produisent dans les strates meubles, perméables et si peu homogènes de notre bassin éocène.

Mais qu'observons-nous, par contre, lorsque, à cause de l'ablation partielle ou totale du sommet plus argileux de l'ergeron, le phénomène d'infiltration atteint la zone moyenne du limon quaternaire, plus sableuse et moins chargée d'argile?

Nous voyons alors une allure un peu différente dans la ligne de contact entre les deux zones du limon (voir fig. 28 b). Cette séparation, au lieu d'être indécise, peu marquée, horizontale ou légèrement flexueuse, devient brusque ou tout au moins plus nettement tranchée. Elle forme une ligne accidentée et irrégulière, que M. Rutot et nous avons souvent observée, et elle rappelle alors un peu l'aspect trompeur des poches d'altération de nos sables éocènes.

Si le processus d'altération devient plus actif, c'est précisément parce que les conditions du phénomène sont un peu différentes : les eaux d'infiltration, en atteignant les parties moyennes du dépôt, ont rencontré moins d'argile et

19

plus de sable et de calcaire; elles se trouvent donc dans des conditions rappelant davantage celles de nos sédiments éocènes et la zone infiltrée perd conséquemment sa régularité d'allures.

Les analyses qui ont été faites des deux zones du limon quaternaire ont montré que le *fer* pouvait, dans certains cas, se trouver en plus grande abondance dans le limon calcaire que dans le limon argileux décalcifié qui le recouvre. Ce fait a été signalé comme contraire à la thèse de la formation par décalcification et oxydation sur place du limon supérieur.

Mais il n'en est rien; car, étant donné le classement par ordre de densité, signalé tantôt parmi les éléments constitutifs du limon, il est évident que l'hydrate de fer qui, sous forme de glauconie ou de sels ferreux quelconques, se trouve dispersé dans le limon, doit nécessairement se trouver réuni en plus grande quantité et en plus gros grains *vers les parties inférieures et moyennes du dépôt,* à cause de son poids spécifique considérable. C'est seulement sous forme de sels ferreux en grains impalpables ou en combinaison avec d'autres matières plus légères, que le fer se trouvera vers le sommet du dépôt. L'analyse chimique, en mettant en évidence la proportion plus forte de fer qui existe vers le bas du limon, ne détruit en rien l'exactitude de l'opinion que nous défendons ici, et si cette analyse était faite avec soin, elle montrerait même, sans aucun doute, que le fer du limon calcareux est représenté par des *sels ferreux,* tandis que celui du limon inférieur est complétement hydraté et représenté par des *sels ferriques.*

De ce qui vient d'être exposé, il résulte que les objections faites à la thèse de l'origine chimique du limon supérieur s'évanouissent l'une après l'autre devant le simple exposé des faits. Non-seulement les conclusions rationnelles tirées de l'examen de ceux-ci tendent toutes à démontrer la parfaite exactitude de la thèse défendue par nous, mais de plus ceux mêmes de ces faits qu'une interprétation erronée présentait comme défavorables à nos vues se sont, au contraire, montrés les plus démoustratifs et les plus concluants.

On a parfois observé que le loess calcaire se présentait en affleurements à la surface du sol sans être recouvert par la zone argileuse ou altérée. L'absence de modifications chimiques dans le dépôt résulte alors de la pente du sol sur lequel les eaux pluviales ruissellent rapidement sans s'y infiltrer, ou bien dont elles entrainent dans leur course les parties superficielles, sans cesse renouvelées et successivement altérées.

L'absence de limon brun ou altéré peut encore résulter du voisinage immédiat d'un affleurement de terrain très-perméable sous-jacent au limon calcaire et qui, recevant alors directement les eaux pluviales, laisse à sec le loess, toujours difficilement perméable. La présence de couches altérées sous le loess calcaire intact s'explique aisément ainsi, et nous croyons nous rappeler que des observations de ce genre ont été signalées, sans que toutefois leur véritable signification ait été comprise.

Dans le cas représenté, figure 6 de la planche, par la coupe du Wyngaerdberg, l'intégrité de la couche de limon calcarifère A, comprise entre les couches altérées A' et C', provient de ce que ces deux zones d'altération sont dues à deux phases distinctes du processus d'infiltration.

Mais si dans un cas de superposition analogue à celui-ci, les conditions topographiques permettaient de considérer la couche B, qui constitue ici le diluvium ancien, comme servant de réservoir à un niveau d'eau venu de la surface, on pourrait parfaitement attribuer à ces eaux les infiltrations qui ont produit l'altération de C', et dans ce cas le phénomène actuel d'altération pourrait à la fois agir en A' et en C sans toutefois atteindre la masse intermédiaire A du limon quaternaire.

On peut reproduire expérimentalement sur le loess tous les phénomènes d'altération auxquels l'infiltration des eaux météoriques a donné naissance, et le transformer en un limon argileux brun, oxydé et décalcifié. Il suffit, à cet effet, de soumettre le loess calcaire à l'action, renouvelée à plusieurs reprises, d'une eau chargée d'acide carbonique. Au bout de peu de temps, on verra les concrétions se désagréger, le calcaire friable se dissoudre, le résidu argileux devenir plus abondant et enfin le limon brunir par suite de l'hydratation des sels ferreux que la dissolution du calcaire a mis en liberté.

Il nous reste à étudier un autre type de dépôt quaternaire aussi intéressant que le limon, à cause de son importance stratigraphique et de son étendue. C'est le DILUVIUM QUATERNAIRE, dépôt à éléments grossiers, variable dans sa

composition, dans ses caractères et dans sa couleur, et principalement formé
de roches remaniées, d'origine et de nature diverses.

Servant souvent de base au limon quaternaire, le diluvium s'observe dans
les plaines et sur les plateaux ; mais il est surtout développé dans les grandes
vallées où coulaient les fleuves quaternaires.

Le diluvium a été étudié avec soin dans plusieurs régions, notamment
dans la vallée de la Seine ; partout il a donné lieu à des théories et à des con-
troverses nombreuses, mais nulle part les questions qu'il a soulevées n'ont
été jusqu'ici résolues d'une manière satisfaisante.

Ayant eu l'occasion d'appliquer à l'étude du diluvium du bassin de Paris
nos vues sur les altérations par infiltration [1], nous sommes arrivé à résoudre
facilement les problèmes que présentait cette étude. Nous croyons que l'exposé
succinct de nos observations pourra donner une idée de l'importance des
résultats obtenus, car ils s'appliquent rigoureusement aux dépôts diluviens
d'autres bassins hydrographiques importants.

Rappelons rapidement en quoi consiste le diluvium du bassin de Paris.

On sait que les parties basses de la vallée de la Seine sont occupées par le
dépôt quaternaire connu sous le nom de *diluvium gris,* lequel consiste généralement en alternances de sables et de galets roulés, de diverses grosseurs,
mélangées de roches remaniées très-variables. Ces dépôts, assez nettement
stratifiés, alternent parfois avec des lits argileux ou marneux. Le diluvium
gris est toujours calcarifère ; il contient soit du calcaire friable répandu
parmi les éléments quartzeux, soit des roches et des galets calcaires, soit
encore des fossiles tertiaires ou autres remaniés, soit enfin des ossements
de vertébrés terrestres de l'époque quaternaire et des coquilles terrestres et
fluviatiles du même âge. On y trouve, d'autre part, des silex travaillés et des
vestiges de l'industrie de l'homme préhistorique.

[1] Van den Broeck, *Sur les altérations des dépôts quaternaires par les agents atmosphériques*
(Comptes rendus Acad. sciences, Paris, 1877, 5 janvier 1877). — Idem, *Note sur l'altération
des roches quaternaires des environs de Paris par les agents atmosphériques* (Bull. Soc. géol.
de France, 3ᵉ sér., t. V, p. 298, 3 février 1877). — Idem, *Seconde Note sur le quaternaire des
environs de Paris. Réponse aux observations de M. Hébert* (Bull. Soc. géol. de France, 3ᵉ sér.,
t. V, pp. 526-328, 1877). — Idem, *Quaternaire et diluvium rouge* (Bull. Soc. géol. de France,
3ᵉ sér., t. VII, pp. 209-217, 27 janvier 1879).

Sur les versants supérieurs de la vallée et surtout sur les plateaux élevés, le diluvium gris se trouve remplacé par un dépôt d'aspect différent.

C'est le *diluvium rouge*, qui consiste généralement en une argile rougeâtre plus ou moins sableuse, parfois très-pure et très-compacte. Cette argile renferme des silex anguleux et une certaine proportion de grès, de calcaires siliceux, etc., non roulés, de provenance non lointaine. L'élément calcaire fait entièrement défaut dans le diluvium rouge; on n'y rencontre ni les roches ni les galets calcaires du diluvium gris, ou aucune trace sensible d'éléments de cette nature. Il ne s'y trouve pas davantage de coquilles remaniées ou bien quaternaires et les rares ossements que l'on y a recueillis étaient en très-mauvais état et profondément corrodés. Dans certaines régions, comme, par exemple, dans les plaines au nord du bassin de Paris, le diluvium rouge renferme presque exclusivement des silex brisés et anguleux.

On a souvent noté, et cela en des régions différentes, que le diluvium rouge, tout en ne contenant pas de calcaire lui-même, se présente toujours au-dessus des terrains calcaires. La raison de ce fait apparaîtra très-clairement tantôt, lorsqu'on se sera rendu compte de l'origine de ce dépôt.

Considéré au point de vue de ses allures générales, le diluvium rouge diffère essentiellement du diluvium gris, par l'altitude supérieure des niveaux où il s'observe et surtout par l'étendue plus grande des espaces qu'il recouvre.

Toutefois, le diluvium rouge se retrouve aussi dans les parties basses des vallées; il repose alors sur le diluvium gris, qu'il semble même raviner, par suite d'apparences sur lesquelles nous reviendrons plus loin.

Il est à noter que partout où les deux zones coexistent, le diluvium rouge repose sur le diluvium gris. Le premier prend alors un aspect qu'il n'a pas sur les plateaux; il contient, comme le diluvium gris sous-jacent, des cailloux arrondis et roulés, mais l'élément calcaire continue, comme sur les plateaux, à faire complétement défaut.

Diverses hypothèses ont été proposées pour expliquer l'origine et les relations de ces deux dépôts quaternaires.

Toutes sont venues se heurter à de sérieuses difficultés, parmi lesquelles nous signalerons l'impossibilité d'expliquer, d'une manière satisfaisante, la singulière contradiction qui existe entre la localisation du diluvium gris au fond des vallées, opposée à l'extension du diluvium rouge sur les hauteurs et sur les plateaux, et le fait de la superposition incontestable observée dans les coupes des bas niveaux, où le diluvium rouge surmonte le diluvium gris. Le premier de ces faits oblige l'observateur à considérer le diluvium rouge comme plus ancien que le diluvium gris, alors que le second le force à reconnaitre que le diluvium rouge est le plus récent !

Or, ces contradictions, et en général toutes les difficultés qu'offre l'étude du diluvium, s'évanouissent complétement dès que l'on tient compte du rôle des infiltrations.

L'observation rigoureuse des faits relatifs à ces phénomènes va nous montrer en effet que le *diluvium rouge* n'est nullement un *dépôt quaternaire* spécial, mais représente un *masque d'altération* recouvrant des dépôts différents. C'est un résidu chimique, oxydé et décalcifié, produit par les infiltrations superficielles. Nous verrons que le diluvium rouge a été formé, tantôt aux dépens du diluvium gris des vallées, tantôt aux dépens d'un diluvium primitif des plateaux. Dans certains cas encore, on a confondu sous le nom de diluvium rouge les résidus oxydés et décalcifiés de dépôts tertiaires ou crétacés, ainsi que du loess ou limon quaternaire.

Lorsque, dans les bas niveaux de la vallée de la Seine, par exemple, on examine une coupe montrant la superposition du diluvium rouge au diluvium gris, ou bien à des formations tertiaires quelconques, on est d'abord frappé par l'aspect de la ligne de contact, qui simule des poches d'érosion, curieusement creusées, des ravinements profonds paraissant avoir affecté le dépôt sous-jacent.

L'aspect tout particulier de ces poches aux allures si tourmentées, avait déjà attiré, il y a une quinzaine d'années, l'attention des observateurs, qui les considéraient comme le résultat d'érosions mécaniques d'une nature particulière. Il est aisé de constater qu'alors déjà on avait reconnu, mais sans pouvoir l'expliquer, que les données fournies par les coupes de ces dépôts prétendûment ravinés, différaient de celles que montrent habituellement les véritables phénomènes d'érosion et de ravinement.

C'est ainsi que, dans une notice publiée en 1863 par M. le professeur

Hébert [1] sur les éléments du terrain quaternaire, nous relevons le passage suivant :

« Quand on parle de l'argile à silex et du diluvium rouge, il est une remarque que l'on ne saurait omettre, c'est la façon tout à fait identique dont les eaux qui ont formé ces deux dépôts ont raviné et creusé le sol sous-jacent. Il n'y a pas dans toute la série géologique une récurrence plus frappante du même phénomène et *la théorie qui sera proposée pour l'un devra être applicable à l'autre.*

» Les nappes d'eaux qui ont, à ces deux époques si éloignées, couvert les plateaux du nord et du nord-ouest de la France, devaient être animées de bien nombreux et bien singuliers tourbillons pour que de tels effets aient pu se produire. »

Cette allure prétendûment mystérieuse, loin d'être une difficulté, devient, dans notre thèse, le gage nécessaire de l'exactitude des vues qui attribuent à l'argile à silex, au diluvium rouge et à tous les résidus analogues, l'origine si simple et si naturelle due à l'action corrosive des eaux d'infiltration chargées de gaz oxydants et dissolvants.

Étudions maintenant de plus près les « poches d'érosion et de ravinement » formant la base du diluvium rouge.

Un examen attentif aura bientôt fait reconnaître que ce prétendu niveau d'érosion est absolument illusoire. Le dépôt n'a pas été remanié dans les poches, ainsi que l'ont d'ailleurs constaté dans ces dernières années plusieurs observateurs. Les lits de galets siliceux passent souvent au travers des poches, tantôt en ligne droite, tantôt en s'infléchissant un peu, surtout si la poche a une certaine étendue.

La figure 30 ci-dessous, extraite de la *Géologie des environs de Paris,* par Stanislas Meunier (Paris, 1875) et qui montre, d'après cet auteur, « la superposition du diluvium rouge au diluvium gris et la continuité de certains lits de galets au travers de ces deux diluviums », est une bonne illustration des relations des deux facies du dépôt.

---

[1] Hébert, *Observations sur les principaux éléments du terrain quaternaire, sur les théories proposées pour en expliquer la formation et sur l'âge des argiles à silex* (BULL. SOC. GÉOL. DE FRANCE, 2ᵉ sér., t. XXI, p. 58).

M. Ébray avait déjà, depuis longtemps, fait la même observation (*Bull. Soc. géol. de France*, 2ᵉ série, t. XXIII, 1866, p. 504).

La figure 10 de la planche, représentant, d'après M. Belgrand, une sablière longue d'environ 30 mètres, située près l'Avenue-Daumesnil, montre, d'une manière plus frappante encore, la même disposition. Les bancs de galets de silex se continuent à travers toute la masse du dépôt, pour lequels ils indiquent un seul et unique phénomène de sédimentation.

Quelle que soit l'origine de la coloration rouge de la partie supérieure du dépôt, cette coloration ne peut être attribuée qu'à un phénomène postérieur au dépôt du diluvium. Cela ressort à toute évidence de la disposition des couches.

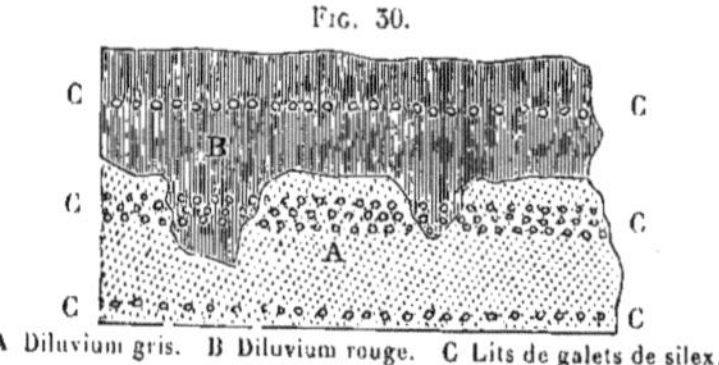

Fig. 30.

A Diluvium gris. B Diluvium rouge. C Lits de galets de silex.

La figure 31 représente la plus grande partie d'une coupe figurée par M. Belgrand dans son livre *La Seine*, etc., et relevée par lui dans la sablière Rigaut, rue des Trois-Sables, à Paris.

La partie de cette coupe que nous avons reproduite ici montre le contact, sur une longueur d'environ 20 mètres, du diluvium rouge et du diluvium gris, et la simple inspection de cette figure démontre, par la continuité des lits de galets siliceux et la forme toute spéciale des « ravinements », qu'il ne peut être ici question de deux dépôts distincts.

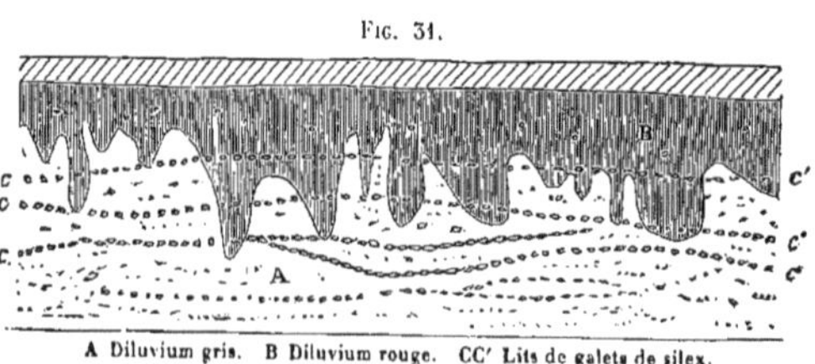

Fig. 31.

A Diluvium gris. B Diluvium rouge. CC' Lits de galets de silex.

Devant cette évidence, les géologues ont cherché à défendre leur thèse battue en brèche, en disant que le contact réel des deux dépôts du diluvium se trouve plus haut, et que les poches ou prolongements rouges représentent des zones *d'infiltration mécanique* ayant imprégné de la matière colorante caractéristique du diluvium supérieur les éléments *in situ* du diluvium gris.

C'est la thèse qu'a défendue M. Belgrand dans son mémoire sur *La Seine*, signalé plus haut.

La question qui se pose donc actuellement est celle de savoir si, comme l'admettait M. Belgrand, il y a eu dans le diluvium rouge *imprégnation mécanique* par infiltration d'un dépôt distinct ultérieur ou si, comme nous l'avons annoncé depuis janvier 1877, il y a eu rubéfaction et décalcification par décomposition, c'est-à-dire *simple modification chimique sur place*.

Pour répondre à cette question, et en même temps à bien d'autres soulevées par l'étude du diluvium rouge, au lieu de reproduire ici les considérations déjà exposées dans nos autres publications [1], nous relaterons de préférence les observations nouvelles que nous avons faites en novembre 1879, en compagnie de MM. Potier et Dollfus, dans les carrières d'Ivry près Paris, observations qui ont conduit notre éminent confrère M. Potier à se rallier complétement à notre manière de voir, déjà partagée par M. Dollfus dès les débuts de nos recherches, en 1877.

Les carrières d'Ivry sont creusées au sommet d'un promontoire, entre la Bièvre et la Senne, à environ 30 mètres au-dessus de la Seine et à quelques centaines de mètres en dehors de l'enceinte fortifiée. Elles montrent le diluvium quaternaire bien développé, reposant sur le calcaire grossier supérieur.

La figure 32 ci-dessous montre le sommet d'une première carrière offrant sous $0^m,20$ de terre végétale C, environ $0^m,40$ de limon quaternaire, représenté par le facies altéré ou terre à briques B.

La base du limon est indiquée par un lit de cailloux de silex *devenus anguleux sur place*, par éclatement. On en voit des fragments restés *in situ* ou à peine séparés. Ces silex éclatés ne sont autre chose que les cailloux roulés et arrondis du diluvium sous-jacent, remaniés et brisés sur place; ils se

---

[1] Voir la note bibliographique de la page 148.

rattachent par le bas à une zone irrégulièrement développée D de cailloux et de graviers diluviens lavés, c'est-à-dire débarrassés de sable et d'argile.

Fig. 32.

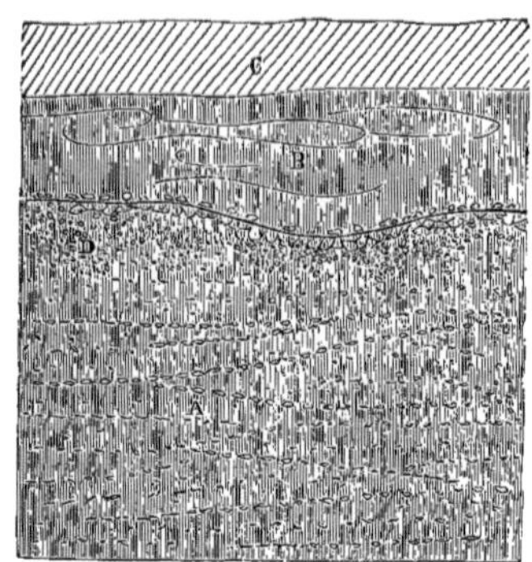

A Diluvium rouge avec galets de silex.
B Limon quaternaire brun.   C Terre végétale.
D Zone remaniée et à silex éclatés.

Les éléments grossiers qui forment le résidu subsistant sont pressés les uns contre les autres et forment dans le diluvium rouge une mince zone de remaniement, qui se rattache ainsi à la base du limon quaternaire.

Plus bas, viennent des alternances irrégulières de cailloux de silex roulés et de sables graveleux, le tout noyé dans une pâte argileuse rouge. C'est le diluvium rouge A.

Ce dépôt est absolument dépourvu d'éléments calcaires. On n'y rencontre que du silex, des grains de quartz et de l'argile rouge chargée d'oxyde ferrique, mais pas une trace de matière calcaire, sous forme organique ou inorganique. L'hydrate ferrique est parfois si abondant qu'il forme des concrétionnements limoniteux. Parmi les grains de quartz, on en rencontre une certaine quantité dont l'aspect et la coloration indiquent nettement l'origine granitique.

La figure 33 représente le sommet d'une deuxième carrière, voisine de la précédente et montrant, au sommet du calcaire grossier A, de gros massifs formés de calcaire remanié ou déplacé A', et empâtés dans la masse du diluvium rouge B. Ce dernier offre les mêmes caractères que précédemment, il se trouve surmonté de la zone C de graviers et de cailloux remaniés, en partie éclatés, qui forme la base du limon.

Fig. 33.

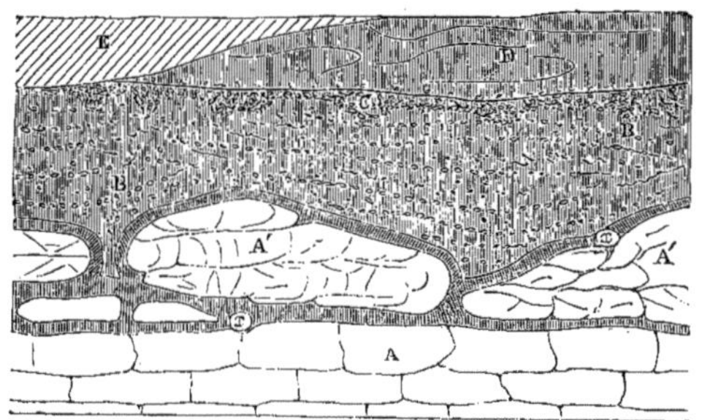

A, A' Calcaire grossier supérieur, en place et en blocs remaniés.
B Diluvium rouge.   x Argile rouge compacte.
C Zone remaniée et à silex éclatés.
D Limon brun argileux.   E Terrain rapporté.

Les blocs de calcaire remanié, empâtés dans le diluvium, se montrent nettement altérés sur toute leur superficie. La dissolution du calcaire est évidente; les fragments de la roche voisine de la périphérie sont devenus friables et se montrent jaunâtres ou rougeâtres, tandis que les fragments du centre restent intacts et blancs. Enfin, la périphérie tout entière de ces amas calcaires est revêtue d'une couche d'argile rouge x compacte et brillante, rappelant l'aspect et les caractères de la lithomarge.

L'intensité de l'attaque des blocs calcaires noyés dans la masse du diluvium est due au séjour prolongé des eaux d'infiltration, qui ont été arrêtées plus bas par les bancs durs, homogènes et un peu siliceux du calcaire grossier supérieur.

Alors même que l'oxydation et la décalcification du diluvium rouge, ainsi que tous ses caractères, ne dénonceraient pas clairement dans la coupe précédente l'origine de ce dépôt, les phénomènes évidents d'altération par infiltration des amas calcaires sous-jacents suffiraient à établir l'action, sur toute cette masse, des phénomènes en question.

Continuant à explorer le même plateau, nous arrivons à une troisième carrière, très-étendue et en pleine exploitation.

Le diluvium gris, parfaitement caractérisé, y est bien développé.

La coupe d'une paroi de cette carrière, représentée en partie par la figure 9 de la planche, est des plus intéressantes.

Elle montre le diluvium gris, surmonté d'une zone assez épaisse de « sables gras », qui va s'amincissant vers la droite et se trouve recouverte par le limon brunâtre.

Vers la droite, le sable gras se trouve remplacé par un dépôt lenticulaire de marne verdâtre perméable, fissurée et peu homogène, contenant des coquilles fluviatiles. Cette marne, fragmentaire, se montre imprégnée d'humidité et recouvre le diluvium rouge.

Le diluvium gris et le diluvium rouge sont donc en quelque sorte juxtaposés sur la paroi observée. Or, l'examen du diluvium rouge nous donne exactement les mêmes résultats que dans les carrières précédentes : résidu rougeâtre argileux, galets de silex, graviers et sables quartzeux, débris de quartz granitique épars ou *en nids*, alternances caillouteuses et graveleuses, etc., et, enfin, absence complète de calcaire sous toutes ses formes.

Si l'on passe au diluvium gris, on reconnaît le passage latéral (A, B, A', B') des zones de cailloux et de graviers, la continuité des lits de silex, en un mot l'absence de tout déplacement mécanique sensible, abstraction faite de quelques phénomènes de tassement ou d'affaissement dus à l'enlèvement du calcaire.

Dès que l'on passe au diluvium gris, le calcaire apparaît dans une proportion très-forte, soit sous forme de calcaire pulvérulent ou en petits fragments, soit sous forme de galets plats et arrondis, soit encore sous forme de débris de roches diverses.

Des fragments nombreux de roches granitiques s'observent épars au sein du dépôt ; le feldspath non altéré relie des cristaux de quartz identiques à ceux trouvés dans le diluvium rouge.

Au voisinage du diluvium rouge, le feldspath de ces fragments granitiques perd de sa consistance et la roche se laisse écraser sous la pression des doigts ou bien met en liberté, au moindre contact, les cristaux de quartz désagrégés.

On observe aussi aux mêmes points un commencement d'altération dans l'élément calcaire du diluvium gris. Les petits galets de calcaire blanc jaunissent se couvrent d'une arborisation en dendrite et deviennent de plus en plus friables et oxydés.

Des zones alternatives de diluvium gris et de diluvium jaunâtre, parfois rougeâtre, s'observent en certains points de la paroi de la carrière. L'altération des galets calcaires était manifeste dans les zones jaunâtres, et elle était accompagnée de la décomposition du feldspath changé en poussière rougeâtre, tandis que dans les zones blanches, où les galets calcaires étaient normaux, le feldspath des fragments granitiques se montrait intact. Ces alternances de zones intactes et de zones à moitié altérées et rubéfiées doivent s'expliquer par une disposition des zones d'infiltration analogue à celle représentée par le diagramme figuré page 79.

De tout ce qui précède, il résulte à l'évidence que la coloration particulière du diluvium rougi n'est nullement due à une infiltration mécanique ayant imprégné la zone supérieure du diluvium, mais à une action chimique d'oxydation et de décalcification, véritable décomposition sur place, qui est le résultat normal et ordinaire de l'infiltration des eaux superficielles.

Le diluvium rougi était primitivement gris et calcaire dans toute sa masse. L'observation suivante, faite dans une quatrième carrière du même plateau, nous a clairement démontré la préexistence des galets calcaires *à la base même du diluvium rouge.*

De grandes poches de diluvium rouge reposent en ce point sur les caillasses du calcaire grossier. Cette base présente un développement considérable du résidu d'hydrate ferrique résultant de la décomposition des éléments calcaires et ferreux du diluvium. Des phénomènes de concrétionnement se sont produits et un véritable minerai de fer, la limonite, a imprégné et aggluttiné la base du dépôt. Or, cette limonite présente intérieurement de nombreuses cavités ayant exactement la forme et les dimensions des galets calcaires du diluvium gris. Le calcaire des galets a été dissous, mais la gangue durcie qui les empâtait a conservé leur forme. Quelques-uns d'entre eux sont d'ailleurs représentés par un résidu argilo-ferrugineux tapissant l'intérieur des cavités.

La comparaison du volume de ce résidu argileux rougeâtre et de celui du galet dont il tapisse le moule interne, montre d'une façon indiscutable que l'attaque *des roches calcaires* par dissolution et oxydation sur place donne lieu à un résidu *argilo-ferrugineux* plus abondant qu'on ne pourrait le croire au premier abord ; il ne serait pas difficile d'établir approximativement le calcul du rapport de volume de la roche attaquée avec celui du résidu de dissolution. Ajoutons que, dans la dernière carrière, nous avons retrouvé, au contact du calcaire grossier et du diluvium rouge, les poches habituelles pénétrant dans le calcaire et bordées du résidu d'argile rougeâtre qui partout accompagne la dissolution de la roche calcaire.

Cet ensemble d'observations, si concluantes qu'à elles seules elles ont décidé M. Potier à reconnaître l'entière exactitude de notre thèse, suffit, croyons-nous, pour qu'il ne soit plus nécessaire de nous étendre davantage sur les caractères du diluvium rouge.

Nous ferons seulement remarquer que l'on trouve dans les poches du diluvium rouge, paraissant raviner le diluvium gris, exactement tous les phénomènes signalés par nous dans les poches d'altération des sables éocènes des environs de Bruxelles : disparition des éléments calcaires, tassement des dépôts, oxydation des sels ferreux, production du résidu argilo-ferrugineux rougeâtre, surfaces de corrosion, dissolution ou altération profonde des roches calcareuses, disparition des fossiles, continuité et disposition en guirlandes, au travers des poches, des éléments siliceux, etc.

L'analogie est complète, absolue : le diluvium rouge est bien le résidu oxydé et décalcifié du diluvium gris.

Il est d'ailleurs facile d'obtenir expérimentalement ce résultat en soumettant à l'action intermittente d'une eau acidulée un échantillon de diluvium gris. Le résidu rappellera curieusement le diluvium rouge, et le phénomène ne différera de celui qui se passe dans la nature qu'en ce que le temps sera remplacé par l'énergie du procédé dissolvant. Si l'expérience est bien conduite, le phénomène d'oxydation sera également très-marqué.

La description que nous avons donnée du diluvium rouge des carrières d'Ivry s'applique exactement au diluvium rouge des régions plus élevées de la vallée, en même temps qu'à celui des bas niveaux, où il se montre généralement en contact avec le diluvium gris.

Suivant les points étudiés, on observe cependant certaines différences dans la nature et dans l'état plus ou moins roulé des matériaux diluviens. Mais toujours ces différences affecteront également les deux dépôts en superposition.

D'autres caractères peuvent encore se manifester dans les allures de la ligne de contact du diluvium rouge avec le diluvium gris. Parfois, au lieu des poches et des prétendus « ravinements » on observe une surface horizontale ou ondulée, d'une allure toute différente. Cela provient de ce que le diluvium renferme, à divers niveaux, des couches plus ou moins imperméables qui arrêtent en certains points les eaux d'infiltration et les empêchent de transformer en « diluvium rouge » la masse sous-jacente, qui reste alors intacte et grise.

Ce rôle de couches protectrices, que jouent les argiles dans nos dépôts sableux tertiaires, est rempli par les *sables gras* du diluvium.

Si l'on se reporte à la figure 9 de la planche, qui représente une zone lenticulaire de sables gras reposant sur le diluvium, on comprendra aisément pourquoi celui-ci est resté gris vers la gauche, tandis qu'il a été infiltré et changé en diluvium rouge vers la droite, où manquent les sables gras.

Lorsqu'au lieu de former, comme ici, le sommet d'un dépôt de diluvium, les sables gras s'observent dans sa masse, la partie supérieure de celle-ci est seule altérée, tandis que la partie sous-jacente reste grise et intacte si, bien entendu, les sables gras réunissent certaines conditions d'épaisseur et de continuité.

La figure 34, extraite du livre de M. Belgrand, montre que dans un cas pareil la zone rouge et altérée C s'étend régulièrement en nappe plus ou moins horizontale au-dessus de la zone imperméable B.

La base du diluvium rouge ne saurait, dans ces conditions, simuler des poches d'érosion ou de ravinement, sauf en des points où les eaux parviendraient à se creuser des conduits locaux d'écoulement, en profitant des points faibles de la couche imperméable.

Comme nous l'avons déjà signalé ailleurs [1], M. Belgrand a entrevu le rôle
particulier des sables gras, en disant que les infiltrations ayant imprégné la
couche supérieure n'avaient pu pénétrer plus bas, à cause de l'imperméabilité

Fig. 34.

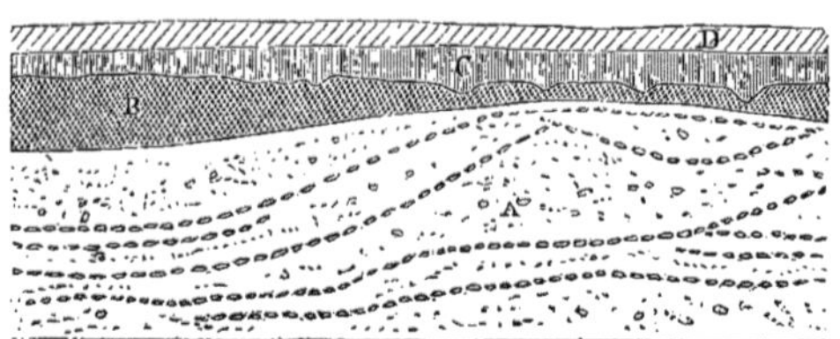

A Diluvium gris ou non altéré.
B Sables gras imperméables ayant arrêté les infiltrations.
C Sommet argileux, altéré et rubéfié, du diluvium.
D Terre végétale.

de cette formation; mais il n'a pas pensé que la couche supérieure rubéfiée
était le sommet non protégé de la couche normale et n'en différait que
parce qu'elle avait été le siége d'un phénomène chimique sur place.

Pour l'auteur précité, la rubéfaction est due à une action mécanique
d'infiltration, en connexion avec un phénomène de transport, ou d'origine
géologique, opinion qui ne s'accorde guère avec les faits observés.

Il a été dit parfois que le diluvium rouge diffère essentiellement du diluvium gris par la présence de silex anguleux.

Cela est inexact, du moins en ce qui concerne les parties de la vallée où
les deux facies rouge et gris sont en superposition.

Les cailloux de silex du diluvium rouge non remanié doivent d'ailleurs
présenter une identité complète, dans leur proportion, dans leurs dimensions,
dans leur forme et leur nature, avec ceux du diluvium gris; les premiers
ne sont autre chose que les seconds empâtés dans un magna argileux résultant de la décomposition du calcaire préexistant.

Ce ne sont pas seulement nos observations personnelles, mais encore

---

[1] Van den Broeck, *Seconde Note sur le quaternaire des environs de Paris. Réponse aux
observations de M. Hébert* (Bull. Soc. géol. de France, 3ᵉ sér., t. V, 1877, pp. 326-328).

celles de nos collègues les plus autorisés qui nous permettent d'établir le fait ci-dessus énoncé.

Ainsi que nous l'avons indiqué dans un travail antérieur, M. A. de Lapparent, dans une correspondance relative à notre thèse, nous écrivait en décembre 1878 : « Pour les raisons que je vous ai dites, je ne le crois pas distinct (le diluvium rouge), dans ses éléments, du diluvium gris sous-jacent et, dans la plupart au moins des cas, j'incline à n'y voir avec vous qu'un phénomène et non un dépôt. »

Plus loin, notre savant correspondant ajoute : « Je n'ai jamais vu aux environs de Paris de gisement renfermant à la fois le diluvium rouge et le diluvium gris, où le premier ne fût pas formé exclusivement des éléments du second. »

Des silex anguleux ont cependant été constatés dans le diluvium rouge des vallées ; mais il suffit de se reporter aux coupes étudiées par nous, et représentées par les figures 32 et 33, pour comprendre la signification de ce fait et reconnaître qu'il n'a nullement la portée qu'on a voulu lui attribuer.

Ces silex anguleux, localisés vers la base du limon, forment une zone de remaniement au sommet du diluvium, et l'éclatement, qui s'est manifestement opéré sur place, est dû à des causes indépendantes de l'origine du diluvium et postérieures à son dépôt.

M. de Lapparent avait déjà attiré notre attention sur ces phénomènes d'éclatement du silex diluvien. M. d'Ault Dumesnil nous les a fait remarquer récemment dans les dépôts diluviens de la vallée de la Somme, où M. de Mercey les avait déjà signalés en 1867, mais en les attribuant à une cause tout autre. (*Bull. Soc. géol. de France,* 2ᵉ série, t. XXIV, p. 74.)

Nous croyons qu'on doit attribuer ce fait aux alternatives de contraction et de dilatation que les variations de la température ont fait subir à ces silex dénudés et mis à découvert lors de l'arrivée du limon quaternaire.

Cette action sur les silex des variations de température est d'ailleurs un fait bien connu, facile à observer dans les régions tropicales. Un observateur des plus consciencieux, M. J. C. Purves, nous a rapporté l'avoir constaté aux Antilles, dans les circonstances suivantes.

Se trouvant, avant l'aube, au sommet d'une colline où affleurait un filon de *chert* ou silex amorphe, et couverte de débris de cette roche, lesquels se montraient tout fendillés et dont beaucoup étaient entièrement « éclatés », M. Purves put constater qu'au fur et à mesure de l'élévation du soleil au-dessus de l'horizon, un grésillement se faisait entendre autour de lui et s'accentuait jusqu'au moment où l'équilibre de température, rompu par le froid de la nuit, se trouvait rétabli à l'intérieur des silex d'où partaient ces bruits.

Voici donc ramené à sa véritable signification le fait de la présence des silex anguleux observés au sommet du « diluvium rouge » des bas niveaux. Ce sont, en résumé, les silex roulés du diluvium qui, ayant été mis à nu et remaniés par les eaux qui apportèrent le limon, ont éclaté sur place et se sont ainsi transformés en silex anguleux, dont une partie est restée *in situ* au sommet du dépôt diluvien et dont l'autre a été entraînée et dispersée à la base du limon quaternaire recouvrant.

Nous avons maintenant à nous occuper du diluvium rouge des plateaux, diluvium presque exclusivement composé de roches anguleuses ou non roulées.

Il est à noter d'abord que, sur les immenses surfaces comprises entre les hautes terrasses des vallées et le sommet des plateaux diluviens les plus élevés, on ne rencontre plus un vestige de dépôt diluvien gris, c'est-à-dire non altéré.

C'est la conséquence logique du défaut de protection de ces dépôts quaternaires, partout fortement exposés aux intempéries et à l'infiltration des eaux pluviales.

Dans le fond et vers le bas des vallées, le diluvium est en grande partie protégé, tantôt par la pente du sol, favorable à l'écoulement superficiel et rapide des eaux météoriques, tantôt par la présence de couches difficilement perméables telles que le loess, les alluvions et limons récents recouvrant le diluvium, tantôt encore par les sables gras et les lits argilo-marneux accidentellement distribués dans la masse alluviale des bas niveaux.

Ces circonstances réunies ne permettent guère qu'une altération partielle, locale et souvent très-superficielle du dépôt diluvien, dont la base reste alors généralement grise et intacte.

Parmi ces causes de protection, la pente du sol joue un très-grand rôle, car il est certain que, sur les flancs généralement très-inclinés des bas niveaux d'une vallée, les eaux pluviales glissent et ruissellent à la surface du sol sans pouvoir s'y infiltrer. Elles ne peuvent en tout cas s'y maintenir dans les proportions dénotées par l'absorption des eaux météoriques dans les plaines horizontales ou faiblement inclinées des niveaux supérieurs et des plateaux.

Le diluvium gris ou rouge du fond des vallées est constitué par des roches de toute nature, de provenances lointaines et diverses, toujours roulées ou fortement usées. Dans les hauts niveaux, on observe que la proportion de ces éléments roulés, d'origine différente, diminue sensiblement. Ces matériaux sont remplacés peu à peu par des roches moins roulées et d'origine plus voisine. Le diluvium — presque toujours rouge — de ces terrasses plus élevées, commence à contenir dans sa masse une certaine proportion de silex moins arrondis, dont quelques-uns même sont restés anguleux.

Lorsque enfin on arrive au diluvium — invariablement rouge — des plateaux, les éléments roulés font défaut; ils sont remplacés par des fragments concassés de grès siliceux et de meulières, par des silex brisés et anguleux de la craie, le tout de provenance relativement voisine.

Cette différence entre l'aspect et la composition lithologique du diluvium gris et rouge des vallées et ceux du diluvium toujours rouge des plateaux est fort aisée à comprendre.

Mais pour cela il nous faut reprendre la question de la formation et de l'origine du diluvium quaternaire. Cette étude est assez intimement liée à celle de l'origine du diluvium rouge pour qu'il nous soit permis de résumer rapidement l'ensemble de ces phénomènes en les exposant tels qu'ils nous paraissent découler des faits observés, dégagés des erreurs dues à l'interprétation inexacte du « diluvium rouge ».

Prenant pour type les dépôts quaternaires de la vallée de la Seine et des plateaux adjacents, reportons-nous à la phase continentale antérieure au creusement des vallées.

Les eaux courantes et sauvages qui s'étendirent en premier lieu sur ces plaines plus ou moins unies, n'ayant pu se creuser encore des conduits localisés d'écoulement, couvrirent, en déplaçant sans cesse leur cours, des surfaces étendues, où elles laissèrent comme traces de leur passage les débris arrachés au sol et à peine concassés, qu'elles parvenaient à déplacer et à entraîner avec elles. Ces fragments, abandonnés par les eaux qui se déplaçaient sans cesse, ou bien qui ne coulèrent que pendant un temps limité, restèrent anguleux ou peu usés. Ils provenaient soit d'affleurements de roches tertiaires, soit du remaniement de l'argile à silex qui couvrait de vastes plateaux crayeux affouillés par ces eaux de la première phase d'émersion ou continentale.

Telle est l'origine des éléments du dépôt — aujourd'hui entièrement altéré et rougi — qui recouvre les hauts plateaux bordant la vallée actuelle de la Seine, et s'étend au loin dans tout le bassin de Paris.

Ce dépôt, dans bien des cas, peut avoir une antiquité très-reculée. Les eaux qui l'ont formé peuvent dater des débuts d'une phase d'émersion comprenant toute la période pliocène, ou plus encore, et s'étant continuée jusqu'au moment du creusement des vallées à l'époque quaternaire.

Outre l'argile rouge à laquelle les phénomènes postérieurs d'altération ont donné naissance dans ce diluvium des plateaux, il est possible qu'une certaine proportion d'argile rouge, provenant du remaniement de l'argile à silex — déjà formée alors — se soit trouvée mélangée aux éléments grossiers du diluvium des plateaux lors de son dépôt. Cela n'a aucune importance réelle.

Il n'est d'aucun intérêt non plus dans notre thèse de savoir si les eaux qui ont, en premier lieu, coulé sur les plateaux, où elles ont déposé le diluvium à éléments anguleux, étaient des eaux sauvages, localisées, modifiant sans cesse leurs cours et ayant successivement affouillé les différents points des plaines qu'elles ont couvertes, ou si c'étaient de véritables nappes diluviennes, puissantes, mais de courte durée.

Les deux manières de voir ont leurs adhérents; quant à nous c'est la première qui nous paraît la plus rationnelle, d'autant plus qu'elle ne nécessite l'ingérence d'aucun phénomène spécial.

Nous arrivons maintenant à la période du creusement des vallées, qui ne représente autre chose que la localisation et la continuité du phénomène précédent.

Les eaux courantes, se réunissant dans les dépressions naturelles du sol, se dirigeant vers les failles, vers les dépôts les moins résistants, etc., se localisèrent bientôt et prirent le caractère d'un réseau permanent.

Des rivières et des fleuves se trouvant ainsi formés, les vallées se dessinèrent bientôt nettement, s'approfondirent et s'élargirent graduellement par les affouillements et les déplacements latéraux du lit, qui, à aucune époque n'occupa, comme certains géologues l'admettent encore, presque toute la largeur de la vallée, mais qui, par affouillement continuel et successif, en recouvrit l'une après l'autre toutes les parties.

Par le creusement continuel de ses bords, le lit du fleuve quaternaire s'encombra peu à peu, dans toute l'étendue couverte par ses sédimentations latérales successives, des fragments de roches anciennes de toute nature qu'il détachait des parois de la vallée.

En descendant et en oscillant entre les flancs de plus en plus étroits de la vallée, le fleuve quaternaire dut abandonner des deux côtés des dépôts d'autant plus récents, plus roulés et plus hétérogènes qu'ils se rapprochaient davantage du fond actuel de la vallée.

Le dépôt primitif à fragments anguleux et d'origine voisine a été à peine remanié et roulé par le fleuve dans ses plus hautes terrasses. On retrouvera donc dans celles-ci les éléments peu usés de ce diluvium anguleux ancien, mélangés à des galets et à une minime proportion de roches apportées d'amont par les eaux du fleuve.

Dans les terrasses moins élevées, la proportion des roches anguleuses provenant du dépôt primitif diminuera rapidement et celles qui subsisteront se montreront remaniées et roulées. Les galets de silex arrondis et les roches d'origine lointaine augmenteront aussi dans des proportions très-sensibles.

Enfin, dans les terrasses inférieures et dans le fond des vallées, où le phénomène d'alluvionnement et d'usure des roches s'est continué pendant une période très-longue, on ne trouvera plus que du diluvium à cailloux roulés et arrondis, contenant une forte proportion de roches provenant des contrées d'amont.

Quant aux relations des zones intactes et des zones altérées du diluvium, c'est-à-dire du « diluvium gris » et du « diluvium rouge », elles montreront que plus le dépôt diluvien se rapproche du fond des vallées, où les causes de protection sont nombreuses et efficaces, plus il se présentera sous son aspect normal, c'est-à-dire avec la coloration grise et sa proportion normale d'éléments calcaires. Quant aux parties entièrement altérées des plateaux, elles se montreront dépouillées de tout élément calcaire et l'on n'y retrouvera plus que les roches siliceuses ou autres ayant pu résister au phénomène d'altération.

Quant au limon quaternaire, produit de sédimentation d'une vaste nappe d'eau limoneuse, résultant, suivant toute apparence, des crues extraordinaires causées par la fonte des glaces de la période glaciaire, et qui ont dû se produire vers la fin de la phase de creusement des vallées, ce limon s'étend à la fois sur les plus hauts plateaux qu'avait autrefois recouvert le dépôt diluvien ancien et sur les flancs des vallées, où il repose sur les terrasses étagées du diluvium alluvial et il descend même jusqu'aux niveaux les plus inférieurs, où il est souvent remanié en tout ou en partie.

Sur les plateaux, le limon quaternaire, primitivement calcareux dans son état normal, est presque toujours entièrement altéré, c'est-à-dire oxydé et décalcifié par le fait d'infiltrations pluviales, qui peuvent d'ailleurs être postérieures à celles ayant altéré le diluvium rouge sous-jacent, avec lequel il a été si souvent confondu [1]. Le limon peut cependant n'être qu'en partie altéré et changé en limon brun, et alors, s'il repose sur du diluvium rouge, on aura une zone de limon calcarifère comprise entre deux zones altérées, ce qui, au premier abord, paraîtra contraire à l'exactitude de nos vues.

Nous avons déjà, à deux reprises, montré combien les cas de ce genre sont aisés à comprendre et à concilier avec le processus d'altération.

Il importe de noter que, comme l'indique la chronologie exposée par nous dans la succession des phénomènes quaternaires, *les dépôts post-tertiaires des plateaux comprennent à la fois les couches les plus anciennes et les sédiments les plus récents de la période quaternaire,* puisqu'ils montrent, au-dessus du diluvium à éléments anguleux de la première phase —

[1] Le même phénomène, postérieur alors au dépôt du limon, peut cependant avoir produit très-rapidement l'altération du limon, du diluvium et même des couches tertiaires ou autres sous-jacentes.

qui peut même comprendre la période pliocène — le limon ou loess représentant la phase la plus récente des phénomènes de la période quaternaire.

Il importe aussi de ne pas confondre ce dernier limon quaternaire, post-diluvien — qui recouvre d'un manteau homogène et uniforme les plateaux, les plaines et les vallées — avec les limons successifs d'alluvionnement ou « d'inondation fluviale » qui s'étagent, en correspondance avec des dépôts caillouteux ou à éléments grossiers, sur les terrasses des grandes vallées diluviennes. La distinction de ces limons d'origine et de signification différentes n'est pas toujours facile à établir ; c'est pourquoi il convient, lorsqu'on veut étudier les caractères du limon quaternaire proprement dit ou post-diluvien, de ne s'attacher qu'à l'examen du limon des plaines faiblement ondulées, et privées de grandes vallées diluviennes, comme le sont, par exemple, celles du Brabant et des Flandres.

Si nous récapitulons tout ce qui précède, relativement à l'exposé des phénomènes quaternaires, nous voyons que les conséquences logiques et rationnelles d'une thèse ne faisant appel qu'aux agents normaux et constamment agissants de la nature, aussi bien en ce qui concerne l'origine des phénomènes quaternaires qu'en ce qui a trait à l'altération des sédiments déposés, s'accordent parfaitement avec toutes les données fournies par l'étude scrupuleuse des dépôts quaternaires du bassin de Paris pour expliquer tous les phénomènes observés.

Nous ne rencontrons plus aucune des contradictions ni même des difficultés auxquelles se sont heurtées toutes les théories et les hypothèses émises jusqu'ici.

Ce résultat inespéré, nous le devons uniquement à l'application rationnelle de la thèse des phénomènes d'altération par infiltration pluviale, phénomènes qui, masquant et dénaturant les rapports des dépôts, empêchaient d'en comprendre les véritables relations chronologiques.

La signification vraie du « diluvium rouge » étant établie, on comprend qu'il n'est plus possible de considérer comme preuve d'intégrité du diluvium gris la présence, dans les gisements de silex taillés ou d'autres vestiges de l'époque quaternaire, d'un « diluvium rouge » recouvrant.

Les objets préhistoriques, les ossements, les silex taillés recueillis dans une même coupe, dans une même carrière, comprenant les deux zones en superposition, ont une même valeur chronologique ; le gisement est unique et représente, dans ses parties grises ou rouges indifféremment, une seule et même phase de l'époque quaternaire.

Il n'y a de signification chronologique différente que pour les objets trouvés, les uns dans le diluvium des bas niveaux, les autres dans celui des hauts niveaux ou dans le diluvium des plateaux, et toujours abstraction faite de la coloration des dépôts.

RÉSUMÉ.

La longue série d'observations et de faits exposés dans les pages précédentes s'offre à nous avec un remarquable enchaînement, montrant sous des dehors variés les conséquences universelles et toujours identiques au fond, d'une action très-simple d'altération et de métamorphisme, ayant affecté les dépôts, généralement superficiels, exposés à l'infiltration des eaux météoriques.

Les stratigraphes ont jusqu'ici accordé peu d'attention au rôle des infiltrations dans le métamorphisme des roches; c'est là une circonstance fâcheuse et d'autant plus regrettable que les géologues, n'ayant pu reconnaître la véritable nature des modifications si profondes qui se sont opérées dans les dépôts atteints par les infiltrations, ont très-souvent considéré comme des formations spéciales les zones superficielles altérées et modifiées; il en est résulté que la science se trouve actuellement encombrée d'opinions inexactes et d'interprétations fausses sur la signification, l'origine et l'âge d'une quantité de dépôts appartenant aux formations les plus diverses. Beaucoup de couches, supposées distinctes, seront à éliminer de la série stratigraphique, n'étant autre chose que des zones d'altération, anciennes ou récentes, d'autres dépôts connus sous des noms différents.

Ce n'est pas tout : De nombreuses théories ont été émises, dans le but d'expliquer les phénomènes d'apparences complexes accompagnant l'altération des dépôts; des hypothèses de toute nature ont vu le jour et ont formé l'objet de longues discussions, encore pendantes. Parmi ces théories, dont la plupart invoquent le concours de forces locales, accidentelles et extraordinaires, pour n'expliquer le plus souvent qu'une partie des faits observés,

22

il en est qui, présentées avec talent, défendues avec habileté, ont reçu la sanction de hautes autorités scientifiques.

Il en est résulté que ces hypothèses sont actuellement si profondément enracinées, qu'elles ont force de loi. Sans se donner la peine de les soumettre à une analyse consciencieuse et détaillée, on est accoutumé à faire intervenir ces hypothèses sans hésitation, dans les cas si nombreux où l'observateur se trouve en présence d'actions de métamorphisme continu et actuel dû tout simplement à l'infiltration des eaux météoriques.

C'est ainsi qu'à tout moment nous voyons invoquer, dans des cas semblables, l'action corrosive de sources, de torrents ou de ruissellements temporaires d'eaux acidulées d'origine interne, de mers aux flots acides, d'éjaculations geyseriennes; l'apparition d'eaux thermales chargées de gaz ou de matières spéciales; le dégagement d'acides carbonique, chlorhydrique ou même sulfurique, etc.

Cet état de choses constituerait un regrettable obstacle aux progrès de la géologie si, heureusement, la thèse de l'altération des dépôts par infiltration des eaux météoriques ne se présentait avec un ensemble de faits si convaincants et avec un caractère si frappant d'universalité que les préjugés et la routine ne pourront longtemps lui tenir tête et l'empêcher d'éclairer d'un jour tout nouveau le vaste horizon qu'elle dévoile aux observateurs.

C'est surtout à l'évidence des faits que nous faisons appel pour la défense des idées qui se trouvent présentées dans ce travail. Plus on réunira d'observations impartiales et consciencieuses, plus on pourra se convaincre de l'importance du phénomène que nous venons de mettre en lumière et plus on constatera la simplification considérable qu'il est appelé à apporter dans les recherches géologiques.

De l'ensemble des recherches exposées dans ce travail, il résulte clairement que les eaux d'infiltration d'origine météorique constituent un agent puissant d'altération et de métamorphisme, agissant sur toutes les roches — quelles que soient leur nature, leur composition ou leur âge — et s'attaquant surtout aux dépôts superficiels de l'écorce terrestre.

Sous des dehors d'une diversité extrême, ces phénomènes d'altération cachent une simplicité de causes et une unité d'action des plus remarquables.

Ils sont plus ou moins accentués suivant les conditions climatériques géné-rales ou topographiques particulières, causes de variations du phénomène d'infiltration. Ils présentent quelques changements suivant la nature, la com-position, l'état physique et la perméabilité de la roche, suivant son exposi-tion plus ou moins directe ou plus ou moins prolongée à l'action des agents météoriques. Ils dépendent enfin du plus ou moins d'efficacité des différentes causes protectrices signalées au cours de ce travail.

La question d'intensité réservée, ces phénomènes d'altération se montrent aussi universels dans leurs effets qu'ils le sont dans leur cause; de plus, ils se sont opérés aussi bien pendant des périodes continentales anciennes que depuis l'émergence des terres et des continents actuels.

Lorsqu'on analyse le processus de ces phénomènes d'altération, on voit qu'il consiste surtout en actions dissolvantes et oxydantes produites par les gaz qui se trouvent à l'état libre dans les eaux d'infiltration, d'origine atmosphérique.

A la suite de ces actions si énergiques et si profondes — non par elles-mêmes, mais grâce au temps, ce multiplicateur d'une puissance infinie — les roches se dissolvent, perdent une partie de leurs éléments constitutifs ou bien subissent une série de phénomènes de décomposition et de réactions chi-miques, dissociant leurs éléments, dissolvant et entraînant les uns, isolant, oxydant, combinant ou transformant les autres et donnant généralement lieu à la production de résidus friables, meubles ou argileux, souvent devenus entièrement méconnaissables. Dans certains cas, des minéraux nouveaux apparaissent par combinaison chimique d'éléments mis en liberté, ou bien encore il se produit des phénomènes de cimentation, de concrétionnement et de modification moléculaire.

C'est surtout dans les roches calcarifères, très-abondamment répandues à la surface du globe, que les phénomènes d'altération sont le mieux caracté-risés et c'est dans ces dépôts que les modifications, toujours très-profondes, ont le plus souvent donné lieu à des erreurs d'interprétation fâcheuses au point de vue stratigraphique et géogénique.

Il est bien établi que la disparition des fossiles, l'élimination du carbonate de chaux, la production de résidus argileux, l'oxydation des sels ferreux et la coloration jaune, brune ou rougeâtre des dépôts accompagnent constamment l'altération des roches calcarifères par voie d'infiltration des eaux atmosphériques.

La réunion de ces caractères, surtout dans les dépôts superficiels, est donc l'indice ordinaire de l'action de ces phénomènes d'altération. Bien que ces derniers se présentent sous des aspects variés et dans des conditions diverses, ils se retrouvent, avec un caractère fondamental toujours identique, non-seulement dans l'immense série des dépôts calcarifères, mais encore dans les roches de toute nature exposées, dans leurs affleurements, aux phénomènes d'infiltration.

Beaucoup de ces résidus d'altération, formant des zones locales, ou parfois très-développées, ont été pris par les géologues comme représentant des dépôts distincts. C'est ce qui s'est souvent présenté pour les roches purement calcaires, comme la craie, et pour les dépôts meubles, facilement perméables.

Dans ce dernier cas, les résidus décalcifiés et oxydés deviennent très-différents du dépôt primitif et la ligne de séparation présente fréquemment des apparences simulant très-curieusement des phénomènes d'érosion et de ravinement. On y a presque toujours été trompé et les conclusions tirées de ces observations ont été bien souvent préjudiciables aux recherches géologiques, par suite des difficultés et des contradictions inévitables amenées dans les résultats stratigraphiques et géogéniques.

Il importe donc beaucoup que les stratigraphes étudient sérieusement ces phénomènes d'altération et leurs conséquences si importantes. Ils ne doivent plus s'exposer à confondre, comme on l'a souvent fait jusqu'ici, des zones superficielles d'altération, sans aucune signification géologique, avec des formations distinctes, spéciales au point de vue sédimentaire.

La question de l'origine, parfois embarrassante à expliquer, de certains dépôts anciens, oxydés ou ferrugineux, sans calcaire ni fossiles, se trouve vivement éclairée par l'étude des phénomènes de métamorphisme par voie hydro-chimique ou d'infiltration. Ces dépôts, aujourd'hui enclavés au sein de la série sédimentaire, étaient autrefois émergés et ils doivent incontestablement représenter, tantôt d'anciennes zones superficielles d'altération, restées *in situ* ou bien remaniées, tantôt les produits secondaires d'agglutination ou de concrétionnement d'un phénomène d'altération identique à celui qui s'opère encore de nos jours.

La simple logique, d'accord avec les faits, nous force d'ailleurs à reconnaître que, pendant les périodes continentales anciennes de l'histoire de la terre, les mêmes phénomènes d'altération des dépôts superficiels ont dû se produire. Leur énergie devait même être plus grande et leur action plus générale, puisque les conditions climatériques, partout à la surface terrestre, se rapprochaient davantage de celles caractérisant aujourd'hui nos régions tropicales, où les phénomènes d'altération sont si constants et si bien caractérisés.

Peu de ces surfaces continentales anciennes nous sont connues; la plupart d'entre elles ont d'ailleurs été arasées par des phénomènes subséquents de sédimentation marine. Toutefois, la recherche et l'étude des dépôts altérés anciens doivent être recommandées, car les observations que l'on pourra recueillir jetteront sans nul doute de vives lumières dans les recherches géologiques et simplifieront beaucoup de problèmes géogéniques. Elles permettront, concurremment avec l'étude des dépôts altérés de la surface actuelle, l'élimination, dans la série stratigraphique, d'une foule de termes impropres et de couches dites « sans fossiles », faisant double emploi avec les dépôts de la série normale, parmi lesquels ces dernières se trouvent confondues.

On trouvera dans l'altération et dans le métamorphisme des roches par infiltration des eaux météoriques la solution d'un grand nombre de questions encore non résolues jusqu'ici en géologie.

Grâce à l'étude de ces phénomènes, les difficultés et les obstacles qui s'élevaient contre les interprétations précédemment données s'évanouissent à jamais avec celles-ci; grâce à elle aussi, la stratigraphie se débarrasse d'une foule de termes qui l'obscurcissaient et l'empêchaient d'apparaître sous son véritable aspect. Il y a plus : aux actions locales, accidentelles, extraordinaires et généralement d'origine interne, qui étaient si souvent invoquées, succède une action simple, naturelle et irrésistible dans sa puissante lenteur, universelle à la surface du globe depuis son origine, variant dans son intensité, mais jamais dans sa cause ni dans l'essence de ses manifestations variées.

Plus on scrute la nature, plus on se pénètre de la simplicité pleine de grandeur des lois qui la régissent; et chaque fois que l'on est parvenu à y découvrir, comme dans l'étude que nous terminons ici, non pas des causes extraordinaires, mystérieuses et compliquées, mais une loi bien définie, rationnelle et aisément vérifiable, on peut espérer avoir exactement interprété les faits observés.

Tout en ayant essayé d'attirer l'attention de nos confrères sur les phénomènes si intéressants dont l'étude a fait l'objet de ce travail, nous regrettons de n'avoir pu rendre ces recherches aussi complètes que nous l'eussions désiré et de n'avoir pu fournir à cette belle cause un plus habile défenseur. Heureusement pour nous, c'est surtout à l'évidence des faits que cette thèse fait appel pour apparaître dans sa saisissante simplicité et dans la pleine lumière de ses résultats, si importants pour l'étude de la géologie.

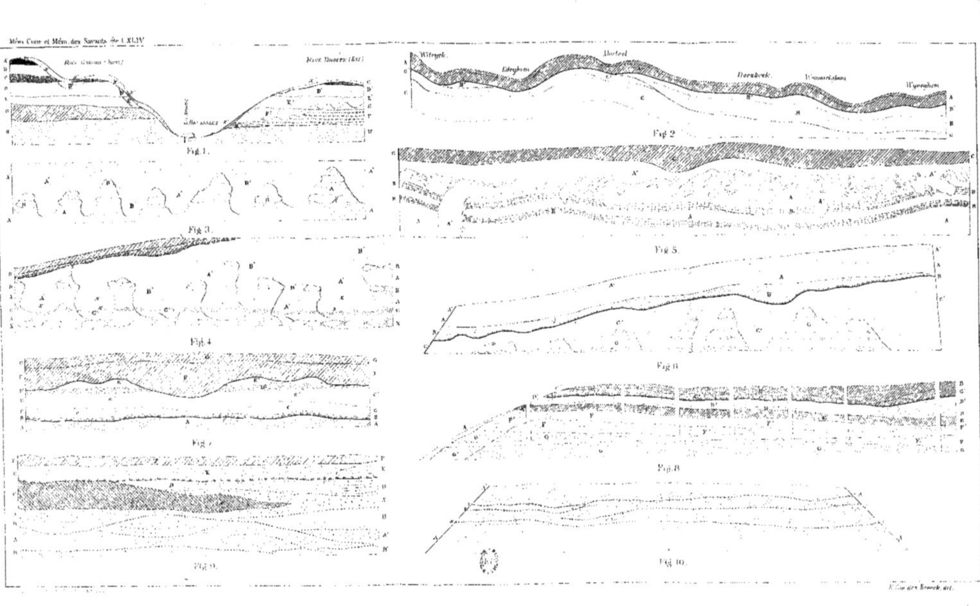
Riv. Graven (Nord)
Riv. Droite (Est)
Fig. 1.
Fig. 3.
Fig. 4.
Fig. 7.
Fig. 9.
Witryck.
Edeghem
Mortsel
Hoboken
Wommelghem
Wyneghem
Fig. 2
Fig. 5.
Fig. 6.
Fig. 8.
Fig. 10.

EXPLICATION DE LA PLANCHE.

NOTA. — Dans toutes les figures de cette planche les zones intactes et les zones altérées d'un même dépôt sont indiquées par la même lettre, le signe ' indiquant invariablement la zone altérée.

FIGURE 1. — *Coupe transversale de la vallée de la Senne à Bruxelles, montrant les causes protectrices ayant empêché l'altération des dépôts de la rive gauche.* (Voir pp. 50, 84, 88 et 144.)

Dépôts normaux.	*Dépôts altérés.*
	A' Sables et grès ferrugineux (infiltrés).
	B' Sables fins micacés (sables chamois) (idem).
C Argile glauconifère.	C' Argile glauconifère infiltrée.
D Sables fossilifères de Wemmel.	D' Sables quartzeux jaunâtres, sans fossiles.
E Sables et grès calcarifères laekeniens.	E' Sables quartzeux verts, sans fossiles.
F Sables et grès { calcarifères / siliceux } bruxelliens.	F' Sables quartzeux verdâtres, sans fossiles.
G Sables, grès et psammites paniseliens.	
H Sables et argiles ypresiens.	
x Ergeron ou limon quaternaire calcarifère.	x' Limon brun ou terre à briques.

z Alluvions anciennes et modernes.

A, B, C, D représentent le wemmelien (éocène supérieur), E et F représentent respectivement le laekenien et le bruxellien (éocène moyen) et G et H le paniselien et l'ypresien (éocène inférieur).

FIGURE 2. — *Coupe passant par les fossés de six des forts détachés d'Anvers, montrant la disposition des zones superficielles d'altération (sables jaunes et sables verts) des dépôts pliocènes* (dressée d'après M. Dejardin). (Voir pp. 40 et 101.)

A Sables quaternaires campiniens, surmontés de terre végétale.
B, B' Sables moyens et sables supérieurs d'Anvers (scaldisien de Dumont).
C, C' Sables inférieurs d'Anvers, à Panopées et à Pétoncles (diestien *partim* Dumont).

Le « crag jaune » et les « sables verts diestiens » des auteurs sont respectivement constitués par les zones superficielles d'altération B' et C'.

FIGURE 3. — *Coupe relevée dans les sables laekeniens à Bruxelles, montrant la continuité des bancs de grès dans les poches d'altération, sous forme de guirlandes sableuses.* (Voir pp. 70 et 91.)

A Sable blanc calcarifère laekenien.	A' Le même, changé en sable quartzeux vert, sans fossiles.
B Bancs de grès tendres, à ciment calcaire.	B' Les mêmes, changés en sables meubles, oxydés, brunâtres.

EXPLICATION DE LA PLANCHE.

Figure 4. — *Coupe montrant les traces d'agrandissements successifs des poches d'altération dans les sables laekeniens, ainsi que la continuité du gravier siliceux, base du système.* (Voir p. 70 et 72.)

X Dernier banc, très-dur, formant le sommet des sables et grès bruxelliens.
A, B Sables et grès calcarifères laekeniens.   A', B' Résidus des mêmes, oxydés et décalcifiés.
C Gravier fossilifère, base du laekenien.   C' Gravier siliceux traversant les poches.
x Zones d'oxydation et de concrétionnement montrant les agrandissements successifs des poches.

Figure 5. — *Coupe montrant les allures de la zone superficielle d'altération dans le calcaire grossier de Paris* (d'après Belgrand). (Voir p. 76 et 104.)

A Calcaire grossier moyen, traversé par quelques bancs durs B à ciment calcaire.
A' Zone superficielle altérée, changée en argile sableuse rouge, oxydée et décalcifiée.
    (Les bancs durs B sont dissous au contact de la zone d'altération.)
C Dépôt quaternaire ou moderne.

Figure 6. — *Coupe relevée au Wyngaerdberg, à Bruxelles, montrant l'allure du contact des deux zones du limon quaternaire, ainsi que l'intercalation d'une zone restée normale entre deux couches altérées* (communiquée par M. Rutot). (Voir pp. 85 et 147.)

A Limon calcarifère ou ergeron.
A' Limon brun ou terre à briques.
B Diluvium quaternaire, avec sédiments éocènes remaniés : quaternaire ancien.
C Sables blancs calcarifères laekeniens, avec grès à ciment calcaire.
C' Résidu quartzeux verdâtre, sans fossiles, avec zones meubles brunâtres oxydées.

Figure 7. — *Coupe des dépôts pliocènes des cales sèches à Anvers, montrant l'indépendance des divisions stratigraphiques d'avec le caractère de la coloration.* (Voir pp. 96 et 99.)

A Étage des sables moyens d'Anvers à *Isocardia cor*.
B Couche avec galets et éléments remaniés, base des sables à *Trophon antiquum*.
C Zone non infiltrée, ni rubéfiée, des sables supérieurs à *Trophon antiquum*.
C', D', E' Zone supérieure, altérée et rubéfiée, des sables supérieurs, avec banc coquillier.
F, G Dépôts quaternaires et modernes.
Les parties non altérées et restées grises A, B, C constituaient l'ancien *crag gris*, tandis que les zones altérées C', D', D' représentent le *crag jaune* des auteurs.

Figure 8. — *Coupe des terrains rencontrés par les puits et par la galerie de prise d'eau de la commune de Morlanwelz, montrant les traces de phénomènes d'altération effectués sur une surface émergée ancienne* (communiquée par MM. Cornet et Briart). (Voir p. 106.)

A et B Dépôts quaternaires et modernes; limons, etc.
    C' Sable bruxellien altéré, remanié et représentant sans doute le diluvium ancien.
D, D' Sable bruxellien, presque partout altéré (oxydé et décalcifié) passant à :
E, E' Sable marneux imperméable, d'un blanc grisâtre, avec grès calcaires, resté presque partout intact.
F, F' Argilite de Morlanwelz, jaune ou brune et décalcifiée en F'; d'un gris bleu foncé et fossilifère en F.
G, G' Sable fin, contenant les mêmes fossiles que F, altéré sur 60 mètres environ à partir des points d'affleurement.

Figure 9. — *Coupe du diluvium des carrières d'Ivry, montrant le rôle des sables gras dans la non-rubéfaction des couches sous-jacentes du diluvium quaternaire.* (Voir p. 156.)

A, A′ Lits de galets, graviers et sables grossiers; gris et calcaires en A; rouges, argileux et décalcifiés en A′.
B, B′ Sables fins alternant avec les précédents; gris et calcarifères en B; rouges, argileux et décalcifiés en B′.
   C   Sables gras imperméables, ayant empêché l'altération du diluvium sous-jacent.
   D   Couche marneuse perméable et en partie désagrégée et fissurée.
E, F   Limon quaternaire et sol végétal.

Figure 10. — *Coupe du diluvium quaternaire, à Paris, montrant les allures et la disposition de la zone superficielle altérée ou « diluvium rouge » en contact avec le « diluvium gris »* (d'après M. Belgrand). (Voir p. 152.)

   A   Mélange d'éléments siliceux avec galets calcaires et sédiments calcarifères grisâtres (diluvium gris).
   A′ Éléments siliceux noyés dans une argile rouge, privé de calcaire, résultant de l'altération de la zone calcaire A (diluvium rouge).
x, y, z Lits continus de galets de silex, montrant l'absence de remaniement au sein des poches de diluvium rouge A′.

TABLE DES MATIÈRES.

Altération superficielle du silex : la patine, etc. — Altération profonde des galets
siliceux. — Altération du quartz. — Verdissement de certains silex. — Les infiltrations dans les sables siliceux. — Origine de certains amas ou poches de sable dans
les roches calcaires ou quartzeuses. — Modifications du phtanite, du jaspe et de la
silice gélatineuse. — Décomposition de la glauconie. — Conséquence du phénomène
au point de vue de l'aspect des dépôts glauconieux altérés. — Exemples d'erreurs
d'interprétation tirés des dépôts glauconifères pliocènes des environs d'Anvers. —
Origine réelle des minerais de fer attribués à des « émissions ferrugineuses » ou
« geyseriennes ». — Applications stratigraphiques dans les terrains tertiaires de la
Belgique. — Réponse aux objections présentées. — Reconstitution des sels ferreux
(glauconie) et reverdissement des dépôts sous l'influence des hydrocarbures. —
Formation de l'alios. — Silex nectique. — Origine des meulières.

Décoloration ou oxydation des roches calcaires soumises aux influences météoriques. — Solubilité dans l'eau chargée d'acide carbonique. — Origine des poches
et entonnoirs de résidus meubles et rougeâtres dans les régions calcaires. — La
« terra rossa » et la latérite. — Lumières jetées sur l'origine de certains grès rouges
anciens. — Formation actuelle de grès, poudingues, etc., par évaporation d'eaux
chargées de calcaire; applications de ce phénomène aux eaux d'infiltration superficielle. — Concrétionnements limoniteux dans les roches argileuses altérées. — Origine réelle de certains dépôts dits « geyseriens » (argiles rouges, minerais de fer, etc.).

Changements d'aspect produits dans les caractères de ce dépôts. — Changements
de coloration; dissolution des grès calcarifères; disparition des fossiles. — Résistance
de certains grès, fossiles et autres éléments siliceux. — Caractères généraux des
poches d'altération. — Fausses stratifications et apparences illusoires de ravinement.
— Examen des divers cas observés. — Caractères différentiels des poches d'altération et des poches de dénudation. — Expériences permettant de toujours distinguer
les premières des secondes. — Formation de dépôts quartzeux blancs et purs par
lavage mécanique des résidus d'altération. — Applications de l'étude des phénomènes d'altération à la stratigraphie des dépôts éocènes et pliocènes de la Belgique.
— Observations faites à l'étranger. — Phénomènes d'altération, observés sur d'anciennes surfaces continentales. — Lumière que peut jeter cette étude dans la question
de l'émergence des anciens dépôts marins et des oscillations du sol.

Dissolution de la craie. — Origine des argiles à silex. — Réponse aux objections
présentées. — Les dépôts sidérolithiques. — L'argile à chailles. — Les sables à silex.
— La grève crayeuse. — Les puits naturels de la craie et leur mode de formation.
— Origine de l'argile rouge qui les tapisse. — Dépôts de silex formés sur place par
dissolution de la craie. — Transformation des roches argileuses calcaires en terres
meubles et altération de la marne.